사이언스 갤러리
005

우주의 빈자리, **암흑 물질과 암흑 에너지**

사이언스 갤러리
005

우주의 빈자리, 암흑 물질과 암흑 에너지

이재원 지음

Dark Matter & Dark Energy

사이언스 갤러리 005

우주의 빈자리,
암흑 물질과 암흑 에너지

지은이 이재원
펴낸이 이리라

편집 이여진 한나래
본문 디자인 에디토리얼 렌즈
표지 디자인 엄혜리

2016년 7월 25일 1판 1쇄 펴냄
2018년 10월 20일 1판 3쇄 펴냄

펴낸곳 컬처룩
등록 2010. 2. 26 제2011-000149호
주소 03993 서울시 마포구 동교로 27길 12 씨티빌딩 302호
전화 02.322.7019 | 팩스 070.8257.7019 | culturelook@daum.net
www.culturelook.net

ISBN 979-11-85521-44-2 04400
ISBN 979-11-85521-02-2 04400(세트)

2015년 12월 중국은 DAMPE(Dark Matter Particle Explorer) 혹은 우쿵悟空(손오공)이라 불리는 인공위성을 성공적으로 발사했다고 발표했다. 이 위성(무게 1.8톤)은 지구 주위를 돌면서 암흑 물질이 내는 고에너지 전자와 빛을 감지해 암흑 물질의 성질을 알아낼 계획이다. DAMPE를 개발하는 데 이탈리아와 스위스 연구팀도 참여했다. 우쿵이란 별명에는 요괴 같은 암흑 물질을 손오공처럼 잘 찾길 바라는 기원이 담겨 있다. 암흑 물질이 대체 무엇이기에 요괴 같다고 생각할까? 과학에서도 실용성을 중시하는 중국이 왜 별 경제적 이득도 없는 연구에 큰 투자를 해서 인공위성을 띄웠을까?

전 세계적으로 이러한 관측 위성뿐만 아니라 지하 실험 등을 이용해 암흑 에너지와 암흑 물질의 정체를 밝히려는 열기가 뜨겁다. 암흑 물질과 암흑 에너지는 과거 은하나 태양계가 어떤 과정으로 만들어졌고 앞으로 우주와 인간의 미래가 어떻게 전개될지를 알려 주는 신비의 물질이다. 이들은 고작 5%밖에 몰랐던 인류의 원초적 질문인 '우주는 무엇으로 이루어졌는가?'에 대한 답을 줄 것이다.

여기서 더 나아가 우리가 암흑 물질을 제대로 이해한다면 표준 모형을 넘어선 물질의 본질에 대한 이해에 한걸음 더 진보할 것이다. 마찬가지로 암흑 에너지는 이 우주와 시공간의 본질에 대한 기존 패러다임에 엄청난 전환을 가져올 것이다. 그 파급 효과는 코페르니쿠스의 지동설이 만들어 낸 대변혁처럼 지금은 상상하기조차 힘든 그 무엇이 될 것이다.

앞으로 10년 안에 기본적인 모델의 차가운 암흑 물질이나 초대칭 입자가 있는지 밝혀질 것 같다. 암흑 에너지도 우주 상수인지 아니면 중력 이론 자체가 틀린 것인지 여부가 밝혀질 듯하다. 얼마나 경이로운 발견이 우리를 기다리고 있을지 기대된다.

이와 관련해 국내에서 물리학과가 점점 사라지는 상황에 대해 한마디 하고 싶다. 물리학은 기초 학문이고 실용성이 없다고 오해하는 일이 없었으면 한다. 실용 학문이라는 공학의 교과 과정을 보면 절반 이상이 전자기, 열역학 등 물리학 관련 과목이다. 물리학은 가장 실용적이고 범용성이 있는 학문이고 모든 공학의 기초라고 할 수 있다. (한 예로 최근 국제 학계는 생물 물리라고 하는 바이오 현상까지도 물리 현상으로 이해하려는 움직임이 있다.) 이런 공학의 기본이 되는 분야의 전문가들이 줄어든다는 것은 한 국가의 장래를 위해 결코 바람직한 일이 아니다. 특히 한국처럼 중진국을 벗어나려는 나라라면 더욱 그렇다.

내가 우주론을 공부하던 1980년대만 하더라도 이 분야는 국내에 전공자가 드물었고 심지어 과학이 아니라고 폄하받기도 했다. 그러나 우주 배경 복사의 발견 이후로 우주론은 정밀 과학의 시대로 들어섰고 21세기는 우주론의 시대라는 말도 나오니 격세지감을 느낀다.

20여 년간 우주론을 연구한 나는 언젠가 우주론 분야 개론서를 써야겠다는 막연한 희망을 가졌다. 하지만 비슷한 내용의 대중적인 번

역서만 서점에 넘치는 상황에서 선뜻 용기가 나지 않았다. 마침 컬처룩에서 '암흑 물질과 암흑 에너지'란 주제로 과학에 흥미를 갖고 있는 청소년을 비롯한 일반인을 대상으로 책을 써 보지 않겠냐는 제안을 해왔다.

고민 끝에 쓰기로 했으나 막상 시작하니 평소 짧고 분명한 내용만 적는 논문과 달리 자세하고 쉽게, 그러면서도 정확한 내용을 적어야 하는 교양 과학서 집필은 내 성격상 진도가 빨리 나가지 않았다. 하지만 집필이 늦어지면서 얻은 최대의 수확은 최근 우주론 분야에서 급격한 발전과 관련한 최신 연구 결과를 더 담을 수 있었다는 점이다. 그중 하나가 LIGO팀의 중력파 발견 소식이다. 올해 초 연구년을 끝내고 귀국하는 비행기에서 이 소식을 접했고 이를 반영할 수 있었다.

이 책은 우주론 분야의 입문서로 교양 과학서를 보고 흔히 하게 되는 오해를 가능한 한 해결하고자 했다. 특히 국내 학자들의 암흑 물질과 암흑 에너지 연구에 대한 기여를 가능한 많이 소개하고자 했다. 연구비도 모자란 열악한 환경에서 한국의 연구자들이 이론과 실험에서 상당한 기여를 해왔음을 새삼 느꼈다. 아마 독자 여러분도 세계와 경쟁하는 국내 학자들의 연구에 크게 고무될 것이다.

몇몇 분들에게 감사의 말을 전한다. 우선 끝까지 원고를 기다려 준 컬처룩 편집진에게 고마움을 표한다. 그동안 우주론 연구와 학회를 후원해 준 한국연구재단과 고등과학원, APCTP, CQUeST, IBS에도 감사드린다. 마지막으로 이 자리를 빌어 그 긴 세월 동안 돈 안 되는 공부와 연구를 뒷바라지해 준 부모님을 비롯한 친가와 처가 가족에게 감사드린다. 무엇보다도 잘 내조해 준 사랑하는 아내에게 고마움을 전한다.

일러두기

- 한글 전용을 원칙으로 하되, 필요한 경우 원어나 한자를 병기하였다.
- 한글 맞춤법은 '한글 맞춤법' 및 '표준어 규정'(1988), '표준어 모음'(1990)을 적용하였다.
- 외국의 인명, 지명 등은 국립국어원의 외래어 표기법을 따랐으며, 관례로 굳어진 경우는 예외를 두었다.
- 사용된 기호는 다음과 같다.

  논문, 영화, 시, 신문 및 잡지 등 정기 간행물: 〈 〉

  책(단행본): 《 》

우주의 빈자리,
암흑 물질과
암흑 에너지

초대권

장소: 사이언스 갤러리

우주가 무엇으로 이루어졌는지를 알 수 있다면 과거 우주가 어떤 식으로 팽창했으며 은하나 별 같은 천체들이 어떤 방식으로 진화했는지를 밝혀낼 수 있을 것이다. 또한 앞으로 우주가 어떻게 커질지 그 운명도 짐작할 수 있을 것이다. 우주의 95%를 차지하는 암흑 물질과 암흑 에너지는 아직까지 정확하게 밝혀지지 않았다. 우주의 기원과 진화를 이해하는 데 암흑 물질과 암흑 에너지는 중요한 열쇠다.

목판에 새겨진 중세 시대 우주관. 땅은 납작하며, 불투명한 천구에 천체들이 붙어 있다. 천구의 막을 걷어 신비로운 미지의 세계를 들여다보며 놀라는 사람이 있다.

우주의 비밀을 푸는 열쇠,
암흑 물질

우리 태양계는 은하 중심으로부터 약 2만 5000광년 떨어져 있으며 오리온 돌기에 속해 있다. 우리 은하가 속한 국부 은하군은 크게 보아 처녀자리 초은하단에 속한다. 오리온 돌기는 오리온 팔Orion Arm이라고도 불리는 작고 부분적으로만 있는 나선 팔 근처에 위치한다.

당신의 주소는?

사람들에게 어디에 사는지를 물어본다면 대부분 도나 시, 동이 들어간 주소로 대답할 것이다. 그런데 천문학자에게 물으면 좀 색다른 대답이 돌아올 수도 있다. "우리는 지구–태양계–오리온 돌기Orion spur–우리 은하(은하수)–국부 은하군–처녀자리 초은하단Virgo supercluster–라니아케아 초은하단 Laniakea Supercluster–우주에 있습니다"라고 말할지 모른다. 우주가 여러 개 있다고 믿는 우주론 학자라면 아마 마지막에 "우리 우주"라고 추가할지도 모르겠다.

자기 동네 밖에 광대한 세계가 열려 있다는 것을 아는 순간, 우리의 삶은 그 이전과 어떤 의미로든 같을 수가 없다. 아는 것만큼 보인다고 하지 않는가? 마찬가지로 우리가 사는 우주에 대해 자각하게 된 순간 우리는 그 이전과 같은 사람이 될 수 없다. 이런 자각은 개인적인 성찰에 그치지 않는다. 우주에 대한 연구는 개인의 가치관을 바꿀 뿐 아니라 더 나아가 역사의 흐름을 바꿀 수도 있다.

> 중요한 과학 혁명들의 유일한 공통적 특성은, 인간이 우주
> 의 중심이라는 기존의 신념을 차례차례 부숨으로써 인간
> 의 교만에 사망 선고를 내렸다는 점이다.
>
> ─스티븐 제이 굴드Stephen Jay Gould(미국의 고생물학자)

우주는 무엇으로 이루어졌는가

우주는 무엇으로 이뤄졌을까? 이는 시대를 불문하고 가장 근본적인 질문일 것이다. 2000년 미국의 〈사이언스Science〉지는 새천년을 맞아 21세기 과학이 풀어야 할 25가지 난제를 선정했다. 그중 첫 번째가 "우주는 무엇으로 이루어졌는가?"였다.

우리 눈에 보이는 사람들, 흰 구름, 책, 컴퓨터, 음식 모두 원자로 이루어져 있다는 것을 이제는 초등학생들도 잘 안다. 양자 물리학으로 노벨상을 수상한 미국의 천재 물리학자 리처드 파인만Richard Feynman (1918~1988)은 문명이 멸망할 때 후손들에게 전해 줄 정보를 한 문장으로 한다면 "모든 물질은 원자로 이루어져 있다"일 거라고 말했다.

그러나 그 원자조차도 전자와 원자핵으로 이뤄져 있고 원자핵은 다시 중성자와 양성자로 나눠지고, 이들은 궁극적으로 쿼크로 이루어졌다는 것은 20세기에야 밝혀졌다. 이게 끝이 아니었다. 최근 우주

16

암흑 에너지

kg

암흑 물질

그림 1 우주의 크기를 풍선의 높이에 비유한다면, 암흑 물질은 무거운 추처럼 중력으로 서로 끌어당겨 우주 팽창을 방해하고 반대로 암흑 에너지는 풍선처럼 우주 팽창을 가속시킨다.

를 관측한 결과 우리가 잘 아는 일반 물질, 즉 원자나 양성자 등(바리온 물질이라 불린다)은 우주에서 약 5% 정도만 차지하고 나머지 95%는 아직 정체를 알 수 없는 암흑 물질과 암흑 에너지가 차지한다는 것이 밝혀졌다. 이는 20세기 우주론의 가장 놀라운 발견 중 하나다.

암흑 물질은 가시광선은 물론 전파나 적외선 등 어떤 전자기파로도 볼 수 없고 주로 중력을 통해서만 존재를 인식할 수 있는 물질이다. 암흑 에너지 역시 암흑 물질처럼 눈에 안 보이지만 다른 물체를 끌어당기는 만유인력으로 작용하는 대신 오히려 은하들 사이를 더 멀게 하는 척력을 주는 이상한 힘이다. 그래서 암흑 물질은 우주의 감속 팽창을 가져오고 암흑 에너지는 반대로 가속 팽창을 가져온다. 암흑 물질과 암흑 에너지는 중력 효과와 우주 배경 복사 관측을 통해 간접적으로만 알려져 있다. 따라서 이론적으로만 추정될 뿐 아직까지 그 실

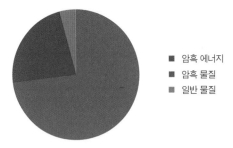

■ 암흑 에너지
■ 암흑 물질
■ 일반 물질

그림 2 우주의 에너지 분포. 우주 관측에 따르면 현재 우리 우주는 눈에 보이지 않는 암흑 에너지 69.1%, 암흑 물질 25.9%, 일반 물질 4.8%로 이루어져 있다.

체를 파악하지 못하고 있다.

2015년 플랑크Planck 위성●의 관측 결과에 따르면, 우주는 일반 물질 4.8%, 암흑 물질 25.9%, 암흑 에너지 69.1%로 이뤄져 있다. 일반 물질에 비해 암흑 물질이 약 5.4배나 많다.●● 일반 물질도 대부분은 성간 가스를 이루는 수소와 헬륨(4%)이고 나머지는 별(0.5%), 중성미자(0.3%), 무거운 원소(0.03%)가 차지한다. 별이나 행성 천체의 질량은 전체 일반 물질의 0.53%밖에 안 된다.

우주의 기원과 진화를 이해하기 위해서는 우주의 약 95%를 차지하는 암흑 물질과 암흑 에너지를 이해해야만 한다. 인류는 20세기 초까지 암흑 물질과 암흑 에너지의 존재를 전혀 몰랐다. 하지만 그 정체

● 플랑크 위성은 유럽우주국(European Space Agency: ESA)이 지구 상공에 띄워 둔 우주 관측용 인공위성 망원경이다. 독일의 물리학자 막스 플랑크의 업적을 기려 그의 이름을 붙였다.

●● 우주론 학자들은 이 물질들의 비율을 밀도 계수라는 양을 써서 $\Omega_b = 0.048$, $\Omega_m = 0.259$, $\Omega_\Lambda = 0.691$로 각각 표현한다.

는 오리무중이어서 물리학과 천문학의 중요한 미해결 문제로 중요성이 점점 커지고 있다. 일부 학자들은 암흑 물질이나 암흑 에너지를 도입할 필요 없이 은하 이상의 크기에서는 중력 이론을 수정하면 된다고 주장하기도 한다. 하지만 수정 중력 이론은 천체 관측 결과를 자연스럽게 설명하지 못한다.

물리학자들은 2012년 힉스 입자의 존재가 밝혀진 이후[●] 그다음 목표는 암흑 물질의 정체를 밝히는 일이라고 말한다. 힉스 입자를 발견한 유럽입자물리연구소(CERN: European Council for Nuclear Research)는 다음 연구 목표로 암흑 물질을 지목했다. 일반 물질보다 5배 이상 많고 정체를 알 수 없는 암흑 물질의 성질을 제대로 안다면 빅뱅 이후 우주가 어떤 과정을 거쳐 진화했는지 또 앞으로 우주가 어떻게 변해 갈지를 이해할 수 있기 때문이다.

우주가 무엇으로 되어 있는지에 대한 질문은 과거 우주가 어떤 식으로 팽창했으며 은하나 별 같은 천체들이 어떤 방식으로 진화했는지 그 역사를 알려줄 뿐 아니라 앞으로 우주가 어떻게 커질지 그 운명도 짐작하게 준다. 암흑 물질이 지배적이면 우주는 다시 수축해 한 점으로 갈 것이고 암흑 에너지가 지배적이면 끝없는 팽창을 할 것이다. 더 나아가 만물의 구성 성분이 과연 무엇인지 우리가 사는 시공간 자체가 무엇인지에 대한 힌트도 줄 것이다.

이제 본격적으로 베일에 가려진 암흑 물질과 암흑 에너지를 찾아 나서는 우주 탐사 여행을 시작해 보자.

● 영국의 물리학자 피터 힉스Perter Higgs는 힉스 입자의 존재를 제시한 공로로 2013년 노벨물리학상을 받았다

검고 텅 빈 공간

서양의 우주관은 중세 시대까지 아리스토텔레스의 이원론적 세계관이 지배했다. 해와 달 같은 천체는 완벽한 원 모양으로 지상의 물질과 다른 고귀한 존재였다. 위대한 과학자 갈릴레오 갈릴레이Galileo Galilei(1564~1642)는 1610년 자신이 만든 소형 망원경으로 달과 목성의 위성을 관찰했다.● 그 관측을 통해 그는 천체가 완전하지 않으며 지구도 우주의 중심이 아니라는 것을 깨달았다. 천체들이 완벽한 존재가 아니라 땅 위의 물체와 같은 미흡한 존재임을 알게 된 것이다. 이러한 획기적인 인식의 전환으로 중세 시대는 무너지기 시작했다.

이것은 결국 갈릴레이라는 거인의 어깨에 올라선 아이작 뉴턴Isaac Newton(1642~1727)의 고전 물리학과 이에 기반을 둔 영국의 산업 혁명으로 이어지는 대변혁을 이끌어 냈다. 증기 기관 없는 산업 혁명과 뉴턴 역학 없는 증기 기관이 있을 수 있겠는가? 이처럼 우주 연구는 인류의 사고를 바꾸고 나아가 사회의 대변혁까지 이끌 수 있는 대단한 힘을 갖고 있다. 이런 두려움 때문일까. 스티븐 호킹Stephen Hawking(1942~)은 우주의 탄생에 대해 연구하지 말라는 교황청의 부탁을 받았다고 말하기도 했다.

어린 시절 시골의 밤하늘은 별들로 가득했다. 여름밤에는 뿌연 은

● 망원경은 1608년 네덜란드의 한스 리페르세이Hans Lippershey 등이 발명했다. 1609년 갈릴레이는 개량한 망원경을 직접 만들어 최초로 천체를 관측했다. 갈릴레이는 물리학에서 처음 실험과 수학적으로 접근한 근대 과학의 아버지이자, 망원경을 이용한 관측 천문학을 연 '관측 천문학의 아버지'라 불린다.

하수가 하늘을 가로질러 펼쳐진 장관도 볼 수 있었다. 밤하늘에 보이는 은하수는 우리 은하를 내부에서 본 모습인데, 태양 같은 별이 약 2000억 개나 들어 있다. 우주에는 이런 은하가 또 수천억 개나 존재한다. 우주는 워낙 방대해서 우주론의 기본적인 단위는 별이 아니라 이런 은하들이다. 다른 은하를 망원경으로 보면 아무리 망원경 성능이 좋아도 뿌연 구름처럼 보인다. 허블 우주 망원경Hubble space telescope[●]이 촬영한 사진처럼 화려한 모습은 대형 망원경으로 오랜 시간 동안 노출 촬영을 해야만 볼 수 있다.

이런 은하들도 아무렇게나 흩어져 있지 않고 중력으로 서로를 당겨 무리를 이루곤 한다. 수십 개의 소규모 은하로 이루어진 은하 집단을 은하군cluster of galaxies이라 한다. 우리 은하는 대마젤란 은하Large Magellanic Cloud, 소마젤란 은하Small Magellanic Cloud, 안드로메다 은하 Andromeda Great Nebula(galaxy) 등과 함께 지름 약 500만 광년^{●●}의 국부 은하군local group of galaxies에 속해 있다. 보통 수백에서 수천 개의 은하들이 모여 은하단을 이루고 10여 개의 은하단이 모여 수억 광년 크기의 초은하단supercluster of galaxies을 만든다. 태양계 행성들이 태양 주위를 도는 것처럼 은하군이나 은하단의 은하들도 공통의 질량 중심 주위를 공전한다. 은하단의 총 질량과 은하들의 공전 속도는 관련이 있으므로 개별 은하들의 운동 속도를 평균 내면 은하단의 전체 질량을 짐작할 수 있다.

● 미국항공우주국(NASA)과 유럽우주국(ESA)이 개발한 우주 망원경으로, 지구 대기권 밖에서 지구 궤도를 돌고 있다. 지구에 설치된 고성능 망원경보다 50배 이상 미세한 부분까지 관찰할 수 있다.

●● 1광년은 빛이 1년 동안 가는 거리이며 9조 5000만 킬로미터에 해당된다.

그림 3 허블 익스트림 딥필드로 본 초기 우주의 은하들. 모든 점들이 별이 아니라 은하다.

어두운 밤하늘을 보면 칠흑 같은 배경에 구멍을 뚫어 놓은 듯 별들이 반짝인다. 그 검고 텅 빈 공간에는 과연 아무것도 없는 것일까? 1995년 천문학자들은 허블 우주 망원경을 이용해 아무것도 없어 보이는 우주의 텅 빈 공간을 여러 날 노출을 주어 찍었다. 촬영 사진을 보니 놀랍게도 공간은 초기 우주의 은하들로 빽빽이 들어차 있었다.

그림 3은 이러한 방식으로 찍은 최신 허블 익스트림 딥필드(Hubble eXtreme Deep Field: XDF) 사진의 일부다. 이 사진은 하늘에서 달이 차지하는 것보다 훨씬 작은 면적인데도 5500여 개의 초기 은하를 보여 준다. 이 중 일부는 우주 나이 6억 년경에 생긴 것도 있다. 우주에는 이런 은하가 수천억 개나 있다. 이렇게 좁은 각도에 이렇게 많은 은하가 아주 오래전부터 있었다는 것은 그만큼 우주가 크고 아주 오래됐다는 명확한 증거다.

암흑 물질을 발견하다

암흑 물질은 언제 처음 알려졌을까? 1932년 네덜란드의 천문학자 얀 헨드릭 오르트Jan Hendrik Oort(1900~1992)는 우리 은하의 태양계 근처에 있는 별들의 속도를 관찰한 후 우리 은하의 평면에 눈에 보이는 물질보다 몇 배 더 많은 질량이 있어야 한다고 주장했다. 그는 혜성의 고향인 오르트 구름Oort cloud*을 제안한 것으로 유명하다.

1933년 스위스의 천문학자 프리츠 츠비키Fritz Zwicky(1898~1974)는 은하단에 속한 은하들의 운동을 관측해 은하들의 평균 속도가 은하단에서 관측되는 별과 성간 가스의 모든 질량을 다 합해도 설명할 수 없을 정도로 너무 빠르다는 것을 알게 됐다. 이 발견을 이해하기 위해

●　오르트 구름은 태양계를 껍질처럼 둘러싼 가상적인 천체 집단으로, 장주기 혜성의 기원지로 여겨진다.

뉴턴의 중력 이론을 잠깐 살펴보자.

뉴턴은 왜 달이 지구에 떨어지지 않는지를 고민하다가 달이 움직이고 있기 때문이라는 결론에 도달했다(주로 사과 일화로 알려진 이야기다). 여기에는 일정한 가속도와 중력(만유인력)이 작용한다고 보았다. 즉 모든 물체 사이에는 두 물체의 질량의 곱에 비례하고 둘 사이 거리의 제곱에 반비례하는 힘, 즉 만유인력이 있다는 것이다.

$$F = G\,\frac{(Mm)}{r^2}$$

F: 인력, G: 인력 상수, M과 m: 각각 두 물체의 질량, r: 두 물체 사이의 거리

뉴턴의 운동 법칙 중 제2법칙은 어떤 물체에 힘이 가해지면, 그 힘은 물체에 가속도를 만들어 낸다는 것이다. 물체의 가속도(a)는 가해지는 힘(F)에 비례하고 물체의 질량(m)에 반비례한다.

$$F = ma$$

이 두 공식을 그림 4의 왼쪽과 같이 질량 M의 크고 무거운 천체(예를 들어 태양) 주위를 거리 r에서 속력 v로 원운동하는 질량 m의 작은 천체(예를 들어 지구)의 원운동에 적용해 보면 다음과 같다.

$$\frac{GMm}{r^2} = \frac{mv^2}{r}$$

여기서 G는 뉴턴 상수로 중력의 세기를 상징하는 숫자고 왼쪽은

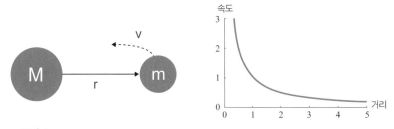

그림 4　왼쪽은 거리 r에서 중력으로 서로 당기는 두 물체, 오른쪽은 케플러 법칙을 만족하는 작은 물체의 회전 곡선이다.

만유인력, 오른쪽은 원운동의 관성력을 나타낸다. 다시 말해 중력을 힘으로 보는 $F = ma$ 공식이다. 양변을 작은 천체의 질량 m으로 나누면 좌변은 단위 질량당 중력, 즉 중력 가속도가 되고 우변은 원운동의 가속도가 된다. 양변에서 작은 질량 m은 상쇄돼 사라진다. 이것이 중력의 중요한 특징이다. 모든 자유 낙하 물체는 질량과 상관없이 같은 중력 가속도로 떨어진다는 갈릴레이의 발견이다. 우변에서 속력 v만 남기면 작은 물체의 속력을 구할 수 있다.

$$v = \sqrt{\frac{GM}{r}} \quad \text{(케플러 법칙)}$$

이 식을 보면 가운데 물체가 무거울수록(M이 클수록) 작은 물체는 빨리 돈다(v가 크다) 것을 알 수 있다. 따라서 큰 물체 주위를 공전하는 작은 천체의 속력을 관찰하면 큰 천체의 질량을 유추할 수 있는데, 이를 '중력 질량'이라 한다. (암흑 물질은 이 중력 질량과 밀접한 관련이 있으니 꼭 기억하자.)

또 무거운 물체에서 멀어질수록 공전 속력이 거리 r의 제곱근에 반비례해서 줄어든다(그림 4의 오른쪽 참조). 이는 케플러 법칙인데, 예를 들면 태양계의 행성들은 태양에서부터 멀어질수록(수성, 금성, 지구, 화성 순으로) 공전 속도가 줄어든다. 그림 4의 속도 그래프를 '회전 곡선 rotation curve'이라 부르는데, 이것은 은하의 암흑 물질 분포를 연구하는 데 중요하다.

천문학에서 눈에 보이지 않는 천체를 발견하는 방법 중 하나는 눈에 보이는 질량(M)과 작은 천체들의 움직임(v)을 관측해 위의 식(케플러 법칙)을 만족하는지 보는 것이다. 만약 M을 위의 식에 넣어 계산한 v보다 관측한 속도가 더 크면 관측되지 않은 물질이 어딘가에 더 있는 것이다. 예를 들어 위 식과는 좀 다르지만 해왕성을 발견한 일도 천왕성의 움직임을 설명하기 위해 태양이나 기존의 다른 행성들의 질량을 합한 것 이상의 질량이 어딘가에 더 있어야 한다고 추측해 이뤄진 것이다. 암흑 물질의 발견에도 이런 논리가 적용됐다(물론 천왕성은 일반 물질로 돼 있지만 말이다).

앞서 말했듯이 츠비키 역시 중력 질량의 논리로 코마 은하단Coma cluster에 속한 은하들이 너무 빨리 움직여 관측된 은하들의 무게만으로는 설명할 수 없다는 점을 지적했다. 다시 말해 관측되지 않은 여분의 물질이 있고 그 때문에 중력이 강해져 은하들이 생각보다 더 빨리 움직인다는 것이다. 뉴턴 중력 공식에 비유한다면 은하단이 큰 천체이고 그 안의 한 은하가 작은 천체에 해당한다. 츠비키는 은하들의 속도를 관찰하여 추정한 은하단의 총 중력 질량은 관측을 통해 확인된 질량보다 최소 400배 이상이나 돼야 한다고 보았다. 따라서 400배 이상의 '사라진 질량missing mass'이 은하단에 숨어 있어야 한다고 주장했다. 지금은 그보다는 작은 값으로 추정한다. 훗날 다른 학자들이 코마 은

그림 5 수천 개의 은하들로 이뤄진 코마 은하단. 사진에서 뿌연 공처럼 보이는 천체들은 별이 아니라 모두 은하들이다. 코마 은하단을 가로지르려면 빛으로도 수백만 년이 걸린다.

하단 내 가스의 온도가 X선 관측상으로 확인한 물질의 중력만으로는 붙잡아 둘 수 없을 정도로 고온임을 밝혀냈다.

츠비키는 이 보이지 않는 물질을 '암흑 물질dark matter/Dunkle Materie' 이라 불렀다. 더 정확히 말해 그는 케플러 법칙이 아니라 '비리얼 정리 virial theorem'라는 것을 사용했다. 비리얼 정리란 은하단의 은하들처럼 힘을 주고받는 여러 물체들의 평균 운동에너지는 그 힘 때문에 생기는 평균 위치에너지와 비례한다는 법칙이다. 이 원리를 사용하면 각 은하의 속도를 평균을 내서 은하단의 총 질량을 추정할 수 있다. 중력에 의한 위치에너지는 총 질량에 비례하고 운동에너지는 속도의 제곱에 비례하므로 각 은하의 속도를 관측해 평균을 내면 은하단의 총 질량을 추정할 수 있다.

스위스연방공과대학을 졸업한 후 츠비키는 1925년 미국으로 이주해 윌슨 산 천문대*와 팔로마 천문대**에서 천문학을 연구했으며 캘리포니아 공과대학 교수를 지냈다. 그는 제트 엔진을 개량하는 등 다재다능한 괴짜 천재였다. 1931년 독일의 천문학자 발터 바데Walter Baade(1893~1960)와 함께 츠비키는 무거운 별이 붕괴해서 엄청난 폭발을 일으킬 수 있다고 보고 그 별을 '초신성supernova'이라 이름 붙였다. 또 남은 중심부는 중성자성이 된다고 주장했다.

또한 츠비키는 100개 이상의 초신성을 찾아냈고 우주 선cosmic ray(우주에서 빠른 속도로 날아오는 각종 입자와 방사선)의 기원도 설명하는 등 선구적인 업적을 많이 남겼다. 츠비키와 바데는 1938년 초신성까지 거리를 재는 방법으로 표준 촛불standard candle을 제안했다. 이는 나중에 암흑 에너지를 발견하는 데 중요한 계기가 된다.

1937년 츠비키는 알베르트 아인슈타인Albert Einstein(1879~1955)의 중력 효과가 태양 근처의 별빛을 휘게 만들듯이 은하단도 중력 렌즈 효과를 통해 은하단 뒤의 천체 이미지를 휘게 할 수 있다고 주장했다. 이것은 1979년에 와서야 은하단 뒤에 멀리 있는 퀘이사의 이미지를 관측해 입증됐다. 이 중력 렌즈 효과는 오늘날 암흑 물질의 분포를 추정

● 캘리포니아 주 윌슨 산의 해발 고도 1800미터에 있는 천문대로, 에드윈 허블과 조수들이 100인치 망원경으로 우주의 팽창과 크기에 대한 중요한 발견을 한 곳으로 유명하다.

●● 캘리포니아 주 팔로마 산 해발 고도 1713미터에 있는 천문대로, 초신성 관측과 은하계 내의 성운 연구를 한다.

하는 중요한 방법으로 쓰이니 그의 천재성은 놀랄 만하다. 그러나 츠비키는 허블이 발견한 우주 팽창설에 부정적이었고 다른 학자들을 '둥근 잡종'이라고 모욕하는 등 괴팍한 성격으로 인해 그의 암흑 물질 가설은 인기를 끌지 못했다. 한마디로 그는 천문학계의 '외로운 늑대 lone wolf'였다.

츠비키가 세상을 떠난 후 당시 프린스턴 대학교의 천문학자 제레미아 오스트라이커Jeremiah Ostriker(1937~)와 물리학자 필립 제임스 에드윈 피블스(짐 피블스)Phillip James Edwin Peebles(1935~)는 컴퓨터 시뮬레이션으로 은하를 재현하려는 시도를 했다. 그런데 관측된 물질의 질량만 입력해서는 중력이 약해 아무리 해도 은하가 몇 번 회전하지도 못하고 별들이 흩어져 버린다는 것을 알게 됐다. 하지만 이들의 연구 역시 다른 학자들의 주목을 끌지 못했다.

은하의 암흑 물질
· · · · · · · · ·

암흑 물질을 이해하기 위해 먼저 은하가 무엇으로 이뤄졌는지 살펴보자. 은하는 암흑 물질로 된 헤일로halo라는 수십만 광년 크기의 둥근 영역 안에 있고 중심부에는 별과 가스들이 모인 볼록한 벌지bulge, 그리고 그 안에는 별들이 더 밀집한 은하핵이 있고 가장 안쪽에 태양 질량● 수백만 배 이상의 초거대 블랙홀supermassive black hole이 있다. 외곽

● 태양 질량은 천문학에서 천체의 질량을 태양 1개의 질량으로 표시한 것이다.

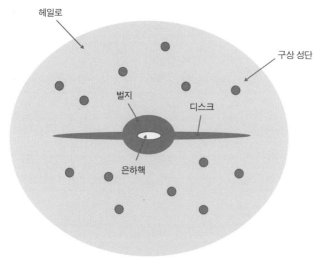

그림 6　전형적인 은하의 구조.

에는 오래된 별들이 공 모양으로 모여 있고 구상 성단globular cluster들이 벌떼처럼 돌고 있다.

　헤일로란 후광이란 뜻으로 중세 시대 종교화에서 성자의 머리를 둘러싼 공 모양의 빛을 의미한다. 눈에 보이지 않는 암흑 물질들이 마치 후광처럼 은하를 둘러싸고 있다는 것이다. 우리 은하 같은 나선 은하spiral galaxy는 별과 가스, 먼지로 된 회전하는 디스크도 가지고 있다. 암흑 물질 헤일로는 관측된 이런 물질들을 다 합친 질량보다 10배 이상 큰 질량을 가지고 있어 사실상 은하의 주인이라고 할 만하다.

　암흑 물질이 결정적으로 학자들의 관심을 끈 것은 1975년 미국의 천문학자 베라 쿠퍼 루빈Vera Cooper Rubin(1928~) 덕분이다. 루빈은 빅뱅 이론의 창시자인 미국의 물리학자 조지 가모프George Gamow(1904~1968)

의 제자로 네 아이를 둔 바쁜 워킹맘이었다. 그녀는 연구할 시간이 부족한 관계로 남들이 별 관심을 두지 않는 은하 외곽의 별들의 운동에 집중했다.

은하를 이루는 별들이나 가스도 중력 때문에 중심으로 추락하지 않으려면 은하 중심을 빠른 속도로 돌아야 한다. 루빈은 은하 중심으로부터 별들의 거리를 재고, 그 별들의 공전 속도는 망원경으로 모은 별빛을 분광계를 통과시켜 스펙트럼이 이동한 양을 측정한 후 도플러 원리[•]를 이용해 추정했다. 앞서 봤듯이 뉴턴의 중력 법칙이 맞다면 그 공전 속도는 중심에서 멀수록 느려져야 한다.

그러나 루빈과 동료 물리학자 켄트 포드Kent Ford(1931~)는 은하의 별들이 은하 중심부를 공전하는 속도가 케플러 법칙과 달리 거리가 멀어져도 줄지 않고 거의 일정하다는 놀라운 사실을 발견했다. 그림 7의 M33 은하의 예를 보라. 이 미스터리를 '은하 회전 문제galaxy rotation problem'라 부르는데, 관측된 물질의 중력만으로 붙잡기엔 은하 외곽의 별들이나 가스가 지나치게 빨리 돌고 있다는 얘기다. 이는 은하에는 눈에 보이지 않은 어떤 물질들이 관측된 물질보다 훨씬 많아야 한다는 것을 뜻한다. 은하의 질량은 망원경으로 별의 수를 세거나, 눈에 보이지 않는 수소 가스의 경우는 수소가 내는 전파의 세기를 안테나로 잡아서 추정할 수 있다. 천문학자들은 별뿐 아니라 은하의 더 바깥 부

● 어떤 파동의 파동원과 관측자의 상대 속도에 따라 진동수와 파장이 변하는 현상을 말한다. 예를 들어, 소방차의 사이렌 소리는 우리에게 다가올 때 소리의 파장이 압축되기 때문에 높고 크게 들리고 멀어지면 파장이 늘어나기 때문에 소리가 사라지는 것처럼 낮고 작게 들린다. 1842년 오스트리아의 물리학자 크리스티안 도플러Christian Doppler가 별의 운동 방향과 색의 변화를 연구하던 중 처음 발견했다.

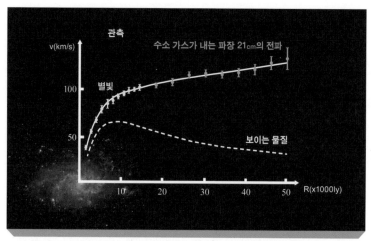

그림 7 M33 은하 중심부로부터 거리에 따른 별과 수소 가스들의 공전 속도 그래프. 디스크나 가스 등 보이는 물질만 있다면 외곽으로 갈수록 회전 속도는 케플러 법칙에 따라 줄어들어야 하나 실제 관측 결과는 거의 일정한 빠른 속도를 보인다. 그림에서 점선은 보이는 물질로부터 계산된 회전 속도이고 실선은 관측된 값이다.

분의 수소 가스가 내는 파장 21센티미터의 전파를 관측해서 가스의 회전 속도를 도플러 효과를 이용해 측정할 수 있었는데, 마찬가지 결론을 얻었다.

이 문제를 해결하는 길은 두 가지밖에 없다. 관측되지 않은 물질이 있다는 것을 받아들이거나, 은하에서는 뉴턴의 중력 이론이 들어맞지 않으니 수정해야 한다는 것이다. 후자는 아인슈타인의 상대성 이론도 수정해야 함을 의미해서 부담이 된다. 루빈은 만약 중력 이론이 틀리지 않았다면 일반 물질보다 최소 10배 이상의 암흑 물질이 존재해야 한다는 것을 알아냈다. 눈에 보이는 천체의 밝기 L을 태양 밝기 기준으로 무게 M을 태양 질량 기준으로 해서 둘을 나눈 비율을 M/L

비라 하는데, 은하는 보통 2~10 사이 값이고 더 큰 천체는 100까지 간다. 이 값은 천체에서 암흑 물질 대 일반 물질의 비율이라 볼 수 있다. 초속 230킬로미터로 움직이는 태양계를 은하에 붙잡아 두기 위해서는 암흑 물질의 중력은 필수적이다.

당시 성차별적인 분위기 때문에 루빈의 발견은 쉽게 받아들여지지 않았으나 관측한 수백 개의 모든 은하에서 별이 예상보다 빨리 움직인다는 사실이 자명해지자 점점 더 많은 학자들이 암흑 물질의 존재를 믿게 되었다. ('보는 것이 믿는 것이다Seeing is believing'라 하지 않던가?) 거리가 멀어져도 줄지 않은 회전 속도는 아직 알지 못하는 물질의 존재를 명백하게 보여 준다. 암흑 물질의 결정적인 증거를 찾아 이제 노벨상 후보로도 거론되는 루빈은 〈뉴 사이언티스트New Scientist〉지와 인터뷰에서 암흑 물질 입자보다는 뉴턴의 법칙을 변경하는 것을 선호한다고 밝히기도 했다.

최근 인공위성을 이용한 우주 배경 복사cosmic background radiation의 측정을 통해 과학자들은 빅뱅 우주론이 옳다는 것을 확인했을 뿐 아니라 우주의 평균 밀도를 정확히 알게 됐는데, 그 값은 관측된 별들과 성간 가스 등을 다 더한 것보다 훨씬 크다는 것이 확실해졌다. 또 은하의 별들과 가스가 은하 중심을 도는 속도를 측정해 봐도 관측되지 않는 물질이 더 있어야 한다. 태양계 근처에서 물질의 평균 밀도는 약 3세제곱센티미터($3cm^3$)에 수소 원자 한 개 정도로 추정한다. 회전 속도와 암흑 물질 입자의 질량에 따라 다르겠지만 제곱센티미터(cm^2)에 초당 수만 개에서 수백만 개의 암흑 물질 입자가 지금도 우리 곁을 지나갈 수 있다. 암흑 물질이 있다는 사실은 거의 확실하나 그 정확한 정체가 무엇인지는 거의 모르고 있는 것이 현실이다.

암흑 물질은 검지 않다
● ● ● ● ● ● ● ● ● ● ●

'dark matter'란 이름 때문에 암흑 물질을 검다고 생각할 수도 있다. 하지만 암흑 물질은 빛을 흡수하지 않기에 블랙홀처럼 검게 보이지 않는다. 또 빛을 반사하지도 흩뜨리지도 않는다. 암흑 물질과 암흑 에너지의 '암흑'은 검다는 뜻이 아니라 우리가 무엇인지 모른다는 뜻이다. 우리가 물체를 볼 수 있는 것은 물체를 이루는 원자에서 전자의 운동으로 빛이 발생하거나 외부로부터 온 빛이 원자에 튕겨 나온 것을 보기 때문이다. 빛과 상호작용하지 않는, 즉 부딪히지 않는 물질은 눈에 보이지 않는다. 그래서 암흑 물질은 어떤 유리보다 더 완벽하게 투명한 물질이므로, 차라리 '투명 물질'이 더 적당한 이름일 것이다. 반대로 암흑 물질 입장에서 보면 우리 몸을 이루는 일반 물질이 투명하게 느껴질 것이다. 이처럼 물리학자들이 멋스럽게 붙인 이름 때문에 대중이 오해하는 경우가 종종 있다.

그러면 암흑 물질은 유리처럼 만질 수라도 있는 것일까? 예를 들어 우리가 키보드를 느낄 수 있는 것은 손가락 끝의 원자들의 전자와 키보드 원자들의 전자들이 전기적으로 서로 밀치기 때문이다. 그런데 암흑 물질은 이런 전자기적인 힘을 가지고 있지 않기 때문에 우리가 만질 수도 없고 그릇에 담아 둘 수도 없는 당황스런 존재다. 암흑 물질로 만든 사람이 있다면 마르셀 에메Marcel Ayme의 소설 《벽으로 드나드는 남자》처럼 크렘린궁이든 은행 금고든 맘대로 드나들 수 있을 것이다. 물론 금고 안의 돈은 집어 들지도 못하겠지만 말이다. 이런 상황을 물리학자들은 "암흑 물질은 전자기 상호작용interaction을 하지 않는다"라고 표현한다. 사람들이 사용하는 대부분 장치들은 전자기력을 사용한다. 이 말은 암흑 물질을 실험적으로 만들어 내기도, 검출하기도 어렵다는 것을 의미한다. 암흑 물질의 존재가 왜 이제야 발견됐고 왜 직접 검출이 그토록 어려운지 이해할 수 있을 것이다. 지금 이 순간에도 엄청난 양의 암흑 물질이 우리 몸을 고속으로 꿰뚫고 지나가고 있지만 우리는 따갑기는커녕 전혀 느낄 수도 없다.

암흑 물질은 보이지도 만져지지도 않는 유령 같은 존재이기 때문에 그런 초자연적인 것을 연구하는 자체가 과학적이지 않다는 사람들도 있었다. 그런데 놀랍게도 이미 과학자들은 이런 희한한 물질을 하나 발견했다. 한때 암흑 물질의 후보로 여겨졌던 중성미자neutrino가 바로 이런 기묘한 성질을 가지고 있다.

중성미자는 전자와 비슷하지만 사촌이라고 할 수 있는데, 전기를 띠지 않는 중성 입자다. 중성이고 가볍기에 이런 이름이 붙었다. 어느 정도인가 하면 예를 들어 태양에서 핵융합 결과로 나오는 중성미자는 지구의 낮 부분 표면을 뚫고 지구 내부를 지나 반대쪽, 즉 밤이 되는 쪽까지 대부분 무사히 도착하는데, 심지어 땅 밑을 통해 오는 중성미자를 관측하면 지구 반대쪽 태양의 영상도 볼 수 있다. 태양의 중성미자는 지구 내부를 지나는 동안 그 수많은 물질과 거의 상호작용을 하지 않는다는 얘기다. 원자핵 안의 중성자도 전기를 띠지 않는데, 어떻게 감지할 수 있을까? 이는 중성자가 전자기력 대신 '강력'이란 힘으로 다른 물질과 반응하기 때문이다. 다시 말해 암흑 물질은 강력 상호작용도 가지지 않는다. 따라서 암흑 물질은 중력으로만 그 존재를 알 수 있고 일부는 중성미자처럼 약력이라는 약한 상호작용만 한다.

지상에서 중성미자를 검출하려면 매우 낮은 확률이지만 중성미자와 전자기력이 아닌 다른 힘으로 부딪힐 물질을 탱크에 많이 모아두

표 1 　일반 물질, 암흑 물질, 암흑 에너지의 비교

일반 물질	암흑 물질	암흑 에너지
눈에 보인다	눈에 보이지 않는다	눈에 보이지 않는다
중력으로 물질을 끌어당김	중력으로 물질을 끌어당김	일종의 척력으로 작용함
우주 팽창을 감속	우주 팽창을 감속	우주 팽창을 가속
한곳에 뭉쳐 있다	상대적으로 덜 뭉친다	거의 뭉치지 않는다
쿼크, 전자, 빛 등으로 이뤄짐	초대칭 입자? 액시온?	진공에너지?
상태방정식＝0(원자), 1/3 (빛)	상태방정식 〉 −1/3	상태방정식 〈 −1/3
현재 우주의 약 4%	현재 우주의 약 26%	현재 우주의 약 70%

● 　상태방정식이란 어떤 물질의 압력과 밀도의 비를 의미하며 상태방정식이 1/3이면 그 물질의 압력이 밀도의 1/3 배란 뜻이다(부록 2 참조).

고 오랜 시간 동안 관찰해야 한다. 이런 목적으로 한 일본의 슈퍼카미오칸데(Super-Kamiokande/スーパーカミオカンデ) 실험이 성공한 지는 오래되지 않았다(뒤에서 다시 설명한다). 중성미자 외의 다른 암흑 물질의 경우는 이런 비슷한 실험에서 아직 검출되지도 않았다.

　일반 물질과 암흑 물질, 암흑 에너지가 어떻게 다른지 표 1을 보자. 암흑 에너지와 암흑 물질은 이름은 비슷하지만 상당히 다르다. 암흑 물질은 우리가 모르는 새로운 입자일 가능성이 크다. 또 일반 물질처럼 만유인력, 즉 중력을 일으키고 중력에 반응한다. 자기들끼리 또는 일반 물질과 중력으로 끌어당기므로 우주가 팽창하는 것을 방해한다. 반면 암흑 에너지는 물질이 아니라 진공 자체의 에너지로 생각되며 중력을 만들기는커녕 일종의 반중력으로 작용해서 물질을 흐트러뜨리고 우주 팽창을 가속화한다.

암흑 에너지dark energy란 말은 1998년 미국의 천문학자 마이클 터너Michael Turner(1949~)가 암흑 물질과 대비해 쓰기 시작했다. 사실 이름을 dark force(왠지 〈스타 워즈〉가 연상된다)라 하든 dark antigravity라 하든 별 상관없다. 딱히 에너지도 아니고 그 정체가 뭔지 모르기 때문에 'dark'란 단어가 붙은 것이다. 중력의 작용을 받는 물질도 아니고 힘도 아닌 암흑 에너지가 우주 전체에 퍼져 70%의 에너지를 차지하고 있다니 놀라지 않을 수 없다.

윌리엄 허셜 이후 20세기 초까지 대부분의 천문학자들은 우리 은하가 텅 빈 우주에서 유일한 섬처럼 존재한다고 믿었다. 하지만 일부 천문학자들은 외부 은하가 있다고 주장했다. 그 갈등의 절정은 1920년 안드로메다 성운이 우리 은하의 작은 천체인지 아니면 우리 은하와 비슷한 독립된 은하인지를 두고 벌어진 유명한 새플리─커티스 논쟁이다. 이 장에서는 우주의 역사를 밝히기 위한 과학자들의 시도와 그 업적을 살펴본다.

초거대 블랙홀의 컴퓨터 시뮬레이션 이미지. 중력 렌즈 현상에 의해 블랙홀 뒤쪽의 별빛들이 왜곡돼 보인다. 대형 망원경을 이용한 관측 결과, 큰 은하의 중심부에는 대부분 초거대 블랙홀이 있는 것으로 여겨진다.

우주 팽창과
암흑 물질

우주론 연대기 I

할로 섀플리와 히버 커티스
외부 은하가 있는지에 대해 논쟁하다.

알베르트 아인슈타인
물질의 에너지가 시공간을 휘게 한다는 일반 상대성 이론을 발표하다.

알렉산드르 프리드만
우주 팽창을 나타내는 아인슈타인 방정식의 해를 발표하다.

임마뉴엘 칸트
"성운들은 우리 은하 밖의 다른 은하이며 이는 섬 우주다."

하인리히 올베르스
'올베르스의 역설'

1923

1922

1920

1917

1915

1848

1785

1826

1755

에드윈 허블
여러 은하들이 우리 은하 밖의 천체임을 확인하다.

에드거 앨런 포
"우주의 나이가 유한하다면 올베르스의 역설이 해결된다."

윌리엄 허셜
"태양계가 우리 은하의 중심에 가깝다."

아인슈타인
우주 상수를 도입한 정적인 우주론을 발표하다. 드 지터도 우주 상수가 있고 물질이 없는 우주론을 발표하다.

스티븐 호킹과 조지 엘리스
일반적인 조건에서 일반 상대
성 이론에 따르면 우주는 특이
점을 피할 수 없다는 것을 입
증하다.

안드레이 사하로프
물질이 반물질보다 많이
생길 조건을 제시하다.

프리츠 츠비키
코마 은하단의 은하 속도로부터
암흑 물질 존재를 예측하다.

1975

에드윈 허블
은하의 후퇴 속도와 거리가
비례한다는 허블의 법칙을
발견하다.

1966

1967

1948

1965

1933

제임스 피블스
빅뱅 이론으로 헬륨의 핵합성을
설명할 수 있다.

1927

1929

아노 펜지어스와 로버트 우드로 윌슨
우주 배경 복사를 관측하다.

가모프
우주 배경 복사를 예측하다.

헤르만 본디, 토머스 골드, 프레드 호일
정상 우주론을 제안한다.

랠프 앨퍼, 한스 베테, 조지 가모프
빅뱅 우주에서 원시 핵합성을 제안하다.

조르주 르메트르
지금은 허블의 법칙으로 알
려진 거리 – 적색 이동 법칙을
발견하다.

베라 쿠퍼 루빈과
켄트 포드
은하의 회전 곡선으로부터 암흑
물질의 존재를 입증하다.

41

왜 밤은 어두운가

아이작 뉴턴의 큰 업적은 지상의 물체와 천체의 물체가 같은 물리 법칙을 따른다는 것을 처음 수학적으로 설명해 보인 것이다. 뉴턴의 중력 법칙은 태양계 행성의 운동을 아주 잘 설명했지만 우주 전체에 적용하기에는 문제가 많았다.

뉴턴의 우주에서는 우주가 언제나 똑같고 무한하다. 그런데 뉴턴이 전제한 것처럼 우주가 무한하다고 하면 문제가 생긴다. 독일의 아마추어 천문학자 하인리히 올베르스Heinrich Olbers(1758~1840)˙의 이름을 딴 '올베르스의 역설'이 그중 하나다. 이 역설은 토머스 딕스Thomas

---

● 하인리히 올베르스는 괴팅겐 대학에서 의학을 공부한 후 의료상을 하면서 천문 관측을 했다. 혜성 추적에 몰두해 혜성의 궤도를 결정하는 방법을 만들었고 1815년 '올베르스의 혜성'을 발견했다.

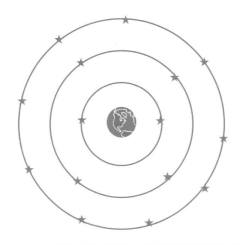

그림 8 올베르스의 역설. 지구에서 멀수록 별빛이 어두워지지만 대신 별의 수가 늘어난다.

Digges(1546~1595)●나 요하네스 케플러Johannes Kepler(1571~1630) 등 여러 사람들이 일찍이 지적한 문제다. 올베르스의 역설은 '왜 밤은 어두운 가?'라는 아이들이나 질문할 법한 내용이다. 대부분 '밤이니까 어둡 지' 하고 대답하겠지만 이게 그리 간단한 문제가 아니다.

별들의 밝기가 똑같다고 가정해 보자. 무한한 우주에서는 지구로 부터의 거리가 2배가 되면 별의 밝기는 거리의 제곱으로 줄어드므로 1/4이 된다. 대신 그 거리에 있는 별의 수가 그림 8처럼 4배가 된다. 거 리가 3배가 되면 밝기는 1/9이 되지만 별의 수는 9배가 된다. 이런 식 으로 적용된다면 우주가 무한하니 우주의 별빛 총량도 무한대가 되어

● 토머스 딕스는 영국의 수학자이자 천문학자로, 처음으로 '어두운 밤하늘의 역설'을 내놓았다.

밤하늘은 모두 별로 가득차서 낮처럼 밝을 것이고 심지어 사람들이 모두 타 죽을 수도 있다.

이 논리의 허점은 무엇일까? 엉뚱하게도 해답을 내놓은 사람은 《검은 고양이》, 《어서 가의 몰락》 같은 작품으로 유명한 미국의 소설 가이자 시인인 에드거 앨런 포Edgar Allan Poe(1809~1849)였다. 그는 1848년 〈유레카Eureka〉라는 산문시에서 우주의 나이가 유한하면 이 문제가 해결된다고 제시했다. 평소 과학에 관심이 많았던 그는 우주의 나이가 유한하면 빛의 속도가 유한하므로 멀리 있는 별에서 나온 빛은 아직 우리에게 도달하지 않을 수 있다고 주장했다. 그는 이 '대발견'에 흥분해 〈유레카〉를 쓰고 500부를 출판했지만 몇 달 후 알코올 중독으로 어이없게 세상을 떠났다. '밤은 왜 어두운가'라는 문제는 우주가 공간적으로 유한하거나 우주의 나이가 유한해야 해결된다.

뉴턴의 중력과 아인슈타인의 중력

뉴턴의 우주론에는 또 다른 문제가 있었다. 모든 물체는 만유인력으로 서로 끌어당기는데, 왜 천체들은 전부 한군데로 뭉치지 않는가 하는 점이다. 이는 영국의 신학자 리처드 벤틀리Richard Bentley(1662~1742)가 제기한 역설이다. 뉴턴에게도 이것은 골칫거리였지만 그는 이 문제를 우주가 무한히 크고 천체들의 분포가 아주 균질하다고 가정함으로써 어물쩍 넘어갔다.

이후 뉴턴의 중력을 대신한 아인슈타인의 중력도 이 문제를 해결하지는 못했다. 일반 상대성 이론의 경우는 물질 분포가 완벽하게 균질하더라도 시공간 자체가 중력으로 인해 수축할 수 있기 때문에 문제가 더 고약했다. 1920년대까지도 우주의 크기는 변하지 않는다고 생각했고, 심지어 우리 은하가 곧 우주 전체라고 믿었다. 당시의 상식이었던 수축도 팽창도 하지 않는 우주를 '정적 우주static universe'라고 부르는데, 이는 일반 상대성 이론과 잘 들어맞지 않았다. 우주 안의 물질은 중력으로 인해 서로 끌어당기므로 그에 따라 공간도 수축하든지 감속 팽창하든지 해야 한다. 일반 상대성 이론에 따르면 공간이 휘어서 물질의 진로를 바꾼다면 역으로 물질도 공간 자체를 변형시키므로 물질들이 서로 끌어당기는 상황에서 공간만 가만히 버틸 수는 없는 법이다.

아인슈타인은 1915년 일반 상대성 이론을 완성한 후 1917년 그 이론을 우주에 적용했다. 논문 제목도 "일반 상대성 이론의 우주론적 고려"였는데, 그의 중력 방정식으로부터 우주를 설명하는 공식을 얻어 냈던 것이다. 문제를 단순화하기 위해 우주가 균질하고 등방적(모든 방향에서 균일함)이라는 우주 원리를 사용하였다. 하지만 그는 당시 별의 움직임이 광속에 비해 매우 느리다는 상식 때문에 우주 상수cosmological constant를 도입해 팽창하지 않는 정적인 우주를 만들었다.

예를 들어 좀 더 설명하면, 우주의 크기를 지상에서 쏜 대포알의 높이에 비유해 보자. 중력을 고려하면 대포알은 땅으로 떨어지든지 초기 속도 때문에 위로 계속 올라가면서 속도가 줄든지 해야 한다. 그런데 '정적 우주'는 마치 위로 쏘아 올린 대포알이 공중에 가만히 떠 있는 것과 같은 상황이다. 물리적으로 가능하지 않은 상황인 것이다. 물론 자신의 방정식을 풀면 우주가 팽창이나 수축해야 한다는 것을 아인슈타인도 알고 있었다. 하지만 그는 우주가 팽창하거나 수축한다는

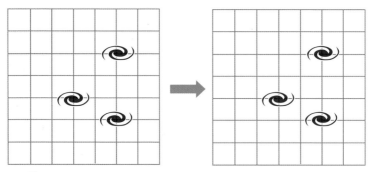

그림 9 아인슈타인의 정적 우주론에서는 시간이 흘러도 우주는 별 변화가 없다.

사실을 받아들이기 힘들었다. 그렇지 않아도 일반 상대성 이론이 생소할 텐데 자칫 결정적 오류로 여겨질 수 있다고 생각했던 것이다.

아인슈타인은 여기서 엄청난(?) 해결책을 제시한다. 자신의 방정식에 그리스 문자 람다Λ를 집어넣었다. 일종의 반중력 역할을 하는 우주 상수를 추가한 것이다. 마치 떨어지려는 대포알에 로켓을 달아 억지로 공중에 떠 있게 하자는 식이었다. 수학적으로는 가능하고 어떤 면에서는 적절하기도 하지만, 물리적으로는 아무런 근거가 없는 일종의 편법이었다. 게다가 이 항은 아주 정확하게 알맞은 값이어야 하고 설사 이 항이 있다 해도 물질 분포에 조금이라도 충격을 주면 미묘한 균형이 깨져 우주는 기하급수적으로 커질 수 있었다.

훗날 미국의 천문학자 에드윈 허블Edwin Hubble(1889~1953)에 의해 우주 팽창이 사실로 밝혀진 후 아인슈타인은 크게 후회하며 이 우주 상수 도입을 '인생의 최대 실수'라고 한탄했다. 그러나 나중에 우주 상수는 암흑 에너지 후보로 다시 화려하게 부활하게 되니 역시 천재는 실수마저 위대한가 보다.

스탈린이 집권한 1922년 구 소련의 수학자이자 물리학자 알렉산드르 프리드만Alexander Friedmann(1888~1925)과 1927년 벨기에의 신부이자 물리학자 조르주 르메트르Georges Lemaître(1894~1966)는 아인슈타인 방정식을 풀어 우주 팽창을 기술하는 프리드만 방정식을 얻어 냈다. 이 방정식을 풀면 우주 공간이 팽창하는 해가 나온다.

프리드만은 아인슈타인 방정식을 우주 상수를 제외하고 풀어 우주가 팽창하거나 수축해야 된다는 것을 독일 학술지 〈물리학 저널 Zeitschrift fur Physik〉에 수학적으로 입증해 보였다. 당시의 상식이나 우주 관측과는 모순이었지만 수학적, 물리적 필연성을 이용해 이런 결론에 도달했다는 점에서 물리학에서 잘 적용된 수학의 힘을 보여 주는 사례로 남아 있다. 아인슈타인은 프리드만의 논문에 대해 의심스럽다는 한 줄의 평을 달았다. 프리드만은 자신의 연구를 자세히 설명한 편지를 아인슈타인에게 보냈다. 아인슈타인은 6개월 후 자신의 비판이 계산 실수에서 비롯됐다고 인정했으나 크기가 변하는 우주를 선뜻 받아들이지는 못했다.

프리드만은 1924년 같은 학술지에 "상수인 음의 곡률 공간을 가진 세계의 가능성에 대하여"라는 논문에서 음, 양, 0 세 가지 곡률을 가진 우주를 제시했다. 이 연구는 한동안 잊혀졌다가 나중에 미국의 물리학자이자 수학자 하워드 로버트슨Howard Robertson(1903~1961)과 영국의 수학자이자 물리학자 아서 워커Arthur Walker(1909~2001)에 의해 재발견되었다. 이후 '프리드만-로버트슨-워커 우주(또는 계량)'라 불린다.

뉴턴 역학과 달리 일반 상대성 이론에서는 공간이 탄력성을 갖는다. 공중에 던져진 공이 중간에 머물 수 없듯이 우주의 크기가 변하는 것은 아인슈타인의 상대성 이론에선 물리적으로 당연한 일이었다. 그러나 아인슈타인은 정적인 우주라는 통념을 버릴 수 없었고 이들의 주장을 받아들이지 않았다. 고정관념과 상식의 함정은 이렇게 창조성이 뛰어난 대천재에게도 장애가 되는 것 같다. 아인슈타인이 이 고정관념을 벗어나기 위해서는 갈릴레이의 것보다 더 큰 망원경이 필요했다.

섬 우주
· · · ·

다시 과거로 돌아가 보자. 독일(하노버) 태생의 영국 음악가이자 천문학자 윌리엄 허셜William Herschel(1738~1822)은 대형 망원경에 집착했다(그는 많은 망원경을 개발해 판매하기도 했다). 1781년 그는 1미터가 넘는 대형 반사 망원경을 만들어 하늘을 관측했다. 별인 줄 알았던 어떤 천체가 사실은 서서히 움직이는 행성, 즉 천왕성임을 처음으로 발견했다. 이 별을 당시 영국 왕 조지 3세(하노버 왕조의 왕)의 이름을 따 '조지의 별Georgian star'이라 명명한 그는 하루아침에 유명 인사가 되었다. 그리스 시대 이후 2000년 만에 처음 행성을 발견한 대단한 업적으로 그는 곧바로 왕실 천문학자로 임명됐다.

허셜은 블랙홀을 처음 제안한 천문학자이자 지질학자인 존 미첼John Michell(1724~1793)의 영향으로 망원경에 관심을 갖기 시작했다. 그는 별들의 위치를 관측해 우리 은하의 대략적인 모습이 납작한 디스크 모양이란 것을 알아냈고 2400여 개의 성운nebula(구름처럼 보이는 천체)들을 찾아냈다. 이 중 일부는 외부 은하이고 다른 일부는 우리 은하 내 가스와 먼지 덩어리인 것이 후대에 밝혀진다. 그는 태양계가 우리 은하의 중심부에 있다고 착각하기도 했지만 프리즘을 사용해 처음으로 분광학spectroscopy을 시도한 사람이기도 하다. 이런 대단한 업적을 내는 데는 여동생 캐롤라인의 헌신적인 조력이 컸다. 물론 큰 망원경과 겨울밤 칼바람도 두려워하지 않는 그의 끈기도 한몫했지만 말이다. 망원경의 직경이 2배가 되면 빛을 4배나 더 모으고 분해능도 2배나 더 좋아진다. 그만큼 더 먼 천체를 더 자세히 볼 수 있다.

허셜 이후 20세기 초까지 대부분 천문학자들은 우리 은하가 텅 빈 우주에서 유일한 섬처럼 존재한다고 믿었지만 일부 천문학자들은 외부 은하가 있다고 주장했다. (철학자 임마누엘 칸트는 그 이전에 이미 성운들이 다른 은하일 가능성을 생각하고 이들을 '섬 우주island universe'라고 불렀다.) 그 갈등의 절정은 1920년 4월 26일 스미소니언 자연사박물관 대강당에서 벌어진 유명한 섀플리-커티스 논쟁이다. 논쟁의 핵심은 안드로메다 성운이 우리 은하의 작은 천체인지 아니면 우리 은하와 비슷한 독립된 은하인지 여부였다(당시엔 은하와 성운의 구별이 없었다).

이 논쟁에서 미국의 천문학자 할로 섀플리Harlow Shapley(1885~1972)는 만약 안드로메다 성운이 독립 은하로서 우리 은하 크기와 비슷하다면 그 거리가 삼각 측량에 의해 1억 광년은 돼야 한다고 반박했다. 당시로서는 받아들기 힘든, 말 그대로 천문학적인 거리였다. 맨눈으로는 잘 안 보이지만 안드로메다 은하는 하늘에서 달보다 커 보인다.

또 다른 천문학자는 (나중에 착오로 밝혀졌지만) 바람개비 성운이 회전하는 것을 직접 봤으며 그 성운이 외부 은하면 은하 바깥 지역이 도는 속도가 광속보다 커야 하므로 말이 안 된다고 주장했다. 또 안드로메다 성운의 신성이 보이는데, 그 성운이 그렇게 멀다면 신성의 밝기가 엄청나야 하는 점도 지적했다. 한편 미국의 천문학자 히버 커티스Heber Curtis(1872~1942)는 안드로메다 은하에서 신성이 우리 은하보다 더 많이 보이며 우리 은하의 먼지 구름띠 같은 줄무늬가 안드로메다에도 있으니 안드로메다는 외부 은하라고 반박했다.

이 문제를 종결지은 것은 큰 망원경에 집착한 또 한 사람 에드윈 허블이었다. 미국 미주리 주의 보험업자의 아들로 태어난 그는 어린 시절 책읽기를 좋아했고 공부에 열중하지 않았지만 성적은 좋았다. 다재다능한 운동선수로 더 유명했던 그는 시카고 대학교에 장학금을 받고 입학해 수학과 천문학을 공부했다. 부모의 권유로 영국 옥스퍼드 대학교에서 법률 공부를 하고 돌아온 그는 변호사 시험에 합격했지만 곧 자신의 적성이 천문학에 있음을 알고 시카고 대학교 대학원으로 돌아간다. 서둘러 박사 학위 심사를 끝낸 날 그는 1차 세계 대전에 자원 입대했다. 전쟁에서 돌아온 후 천문대에서 일한 그는 1924년 당시 최대 크기였던 윌슨 산 천문대의 100인치(2.54미터) 망원경을 사용하여 그동안 우리 은하 안의 성운이라고 생각했던 천체 중 상당수가 사실은 다른 은하이고 우주에는 엄청난 수의 이런 은하들이 있음을 발견했다. 한마디로 우주가 생각보다 훨씬 크다는 것이다. 코페르니쿠스의 지동설로 태양계의 중심에서 쫓겨난 인류는 우리 은하마저도 우주의 중심이 아니란 사실을 겸허히 받아들여야 했다.

1929년에는 이들 외부 은하에서 오는 빛이 붉은 빛을 띠는 적색 이동(적색 편이)red shift이 있고 적색 이동의 정도가 지구에서의 거리에 비례한다는 것을 발견했다. 적색 이동이 은하가 지구에서부터 멀어지는 후퇴 속도 때문에 생긴다고 가정하면, 은하가 지구에서 멀수록 더 빨리 멀어진다는 '허블의 법칙'을 발견한 것이다. 허블의 법칙을 간단한 식으로 표현하면 다음과 같다.

$$v = Hd$$

속도는 거리(d) 나누기 시간이므로 이 식의 비례 상수 H(허블 상수)는 시간의 역수 차원을 가진다. 그 시간은 H가 상수라고 가정했을 때 우주의 나이와 비슷한데, 이를 '허블 시간'이라 부른다. 정확한 우주의 나이를 구하려면 H가 상수가 아니라 서서히 변하기 때문에 1보다 약간 작은 보정항을 곱해야 한다. 그 값은 우주가 어떤 물질로 돼 있는지에 따라 달라진다. 그래프가 가까운 거리에선 직선이지만 거리가 멀어지면 곡선이 된다는 얘기다.

그림 10처럼 천체의 속도와 거리를 나타낸 그래프를 허블 다이어그램Hubble diagram이라 한다. 속도는 적색 이동으로 나타내고 거리는 표준 촛불이나 표준자standard ruler로 구할 수 있다. 그런데 거리는 천체에서 빛이 나온 시간을 나타내고 적색 이동은 사실상 우주의 크기(R)를

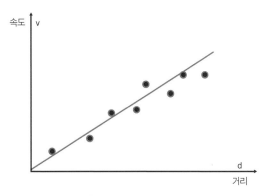

그림 10 허블의 법칙을 표현한 허블 다이어그램. 점들로 표현된 은하들의 거리와 지구에서 멀어지는 속도는 비례한다. 비례 상수, 즉 이 그래프의 기울기가 허블 계수 H다.

나타내므로 실제로 허블 다이어그램은 시간에 따른 우주의 크기를 나타낸다고도 볼 수 있다. 그래서 우주 팽창에서 암흑 에너지와 암흑 물질 연구의 핵심은 이런 허블 다이어그램을 구하는 것이다.

허블은 각 은하에 있는 세페이드 변광성Cepheid variable의 밝기가 변하는 시간(주기)을 측정해 거리를 쟀다. 세페이드 변광성은 별 표면의 헬륨 이온이 빛을 가로막아 별 표면이 팽창했다가 온도가 식으면 다시 수축하는 것을 반복하는 별로 여겨진다.

미국의 천문학자 헨리에타 스완 리빗Henrietta Swan Leavitt(1868~1921)은 세페이드 변광성의 밝기와 주기 사이 관계를 밝혀냈다. 그녀는 1912년 마젤란 은하의 수천 개의 변광성을 조사해 세페이드 변광성의 밝아졌다 어두워졌다 하는 주기와 별의 진짜 밝기가 관련이 있다고 발표했다. 당시 하버드 대학교 천문대에서 주로 천체를 찍은 사진을 분석하는 일을 했다. 페루의 하버드 천문대 부속 관측소에서 찍은 사진 자료를 분석해 변광성을 찾는 작업을 하던 그녀는 소마젤란 은하에서 100개가 넘는 세페이드형 변광성을 발견한 것이다.

주기는 시간을 재는 것이므로 먼 천체의 주기도 쉽게 측정 가능했다. 주기로부터 진짜 밝기를 알고 지구에서 본 겉보기 밝기를 재 보면 그 차이로부터 거리를 알 수 있다. 허블은 리빗의 업적을 토대로 변광성을 표준 촛불로 사용한 것이다.

허블이 은하 46개를 관측해 구한 허블 계수는 $H=500\mathrm{km/s/Mpc}$이었다. 여기서 Mpc은 100만 파섹parsec,* 즉 326만 광년에 해당하는 거

---

* 우주의 별이나 은하 사이의 거리를 나타내는 단위로, 시차가 각거리 1초인 별까지의 거리를 가리킨다. 파섹은 시차parallax와 초second에서 따온 말이다. 1파섹은 30조 6000만 킬로미터에 해당된다.

허블의 법칙은 누가 발견했나

허블의 법칙이니 이를 발견한 사람은 당연히 에드윈 허블일까? 대부분 이에 대해 허블이라고 알고 있지만 조르주 르메트르가 그보다 2년 앞서 발견했다는 사실은 잘 알려져 있지 않다. 르메트르는 1927년 벨기에 학술지에 프랑스어로 쓴 "은하 외부 성운의 반경 속도를 설명하는 일정 질량과 증가하는 반경의 균질한 우주"라는 논문에서 아인슈타인 방정식을 풀어 팽창하는 우주 해를 찾아냈다. 그는 더 나아가 미국의 천문학자 베스토 슬라이퍼Vesto Slipher(1875~1969)가 측정한 은하들의 적색 이동과, 허블이 측정한 은하의 거리로부터 은하의 속도와 거리 사이에 비례 관계가 있다는 사실을 밝혔다. 심지어 허블 상수 값도 예측했다.

그러나 이 학술지는 널리 알려져 있지 않았고 1931년 〈영국왕립천문학회 월간 보고Monthly Notices of the Royal Astronomical Society(MNRAS)〉에 영어 번역판이 게재됐을 때 어떤 이유인지 이 부분이 빠져 있어 허블에게 발견의 공로가 돌아갔

그림 11　윌슨 산 천문대에서 100인치 망원경으로 관측하고 있는 허블.

다. 이에 대해 허블 측의 개입이라는 등 억측이 있었지만 2011년 〈네이처Nature〉의 한 기사에서 논문을 번역한 사람은 르메트르 자신이었음이 밝혀졌다. 아마도 그는 이미 공인된 허블의 업적에 굳이 자신의 이전 발견을 새삼 덧붙일 필요를 못 느꼈던 것 같다. 학자적 겸손이 엉뚱하게 후대 사람들에게 다소 혼란을 주었다. 본인의 의사가 어떻든지 간에 이 법칙은 '르메트르–허블 법칙'이라 불리는 것이 타당할 것이다. 르메트르는 우주 상수가 진공에너지라고 처음으로 제안하고 우주의 가속 팽창과 태초의 뜨겁고 작은 우주, 현재 우주의 밀도와 온도까지 예측했다. 현대 우주론의 잊혀진 아버지라 할 수 있다.

리다. 이 허블 계수가 뜻하는 바는 이 정도로 거리가 떨어진 은하는 초당 500킬로미터로 지구에서 멀어진다는 것이다. 만약 1000만 파섹 거리라면 초당 5000킬로미터로 멀어진다는 얘기다. 이 값은 최근 측정치인 약 $67km/s/Mpc$보다 훨씬 큰 값이고 우주의 나이를 약 20억 년으로 보는 것인데, 당시 알려진 지구의 나이보다 작아서 문제가 있었다. 변광성을 이용한 거리 측정에 오차가 컸고 은하들이 그리 멀지 않아 고유 운동의 효과도 컸기 때문에 이런 차이가 생겼을 것이다.

　이런 오해 탓에 허블의 우주 팽창론에 반대하는 이들도 있었다. 예컨대 프리츠 츠비키는 허블의 측정 오차가 큰 데다 허블 계수의 값도 너무 크다고 보고 우주 팽창론에 부정적이었다. 츠비키는 허블이 주장하는 적색 이동은 천체의 강한 중력에 의한 상대론적 효과, 이른바 '지친 빛' 효과라고 생각했다. 그러나 후속 연구가 진행되면서 우주가 팽창하고 있다는 것이 사실로 굳어졌다. 결국 아인슈타인도 우주 상수와 정적 우주론을 폐기한다고 발표했다. 당시 노벨물리학상은 천문학 연구에는 수여되지 않았기에 허블은 노벨상을 받지 못한 채 1953년 뇌혈전증으로 세상을 떠났다.

정상 우주론과 빅뱅 우주론, 혈투를 벌이다

프리드만의 팽창 우주가 곧 빅뱅 이론은 아니다. 허블에 의해 우주 팽창이 알려진 1929년 이후 처음 인기를 끈 우주 모델은 의외로 '정상 우주론steady state theory'이다. 이 이론은 영국의 천문학자 토머스 골드Thomas Gold(1920~2004), 오스트리아의 천문학자 헤르만 본디Hermann Bondi(1919~2005), 영국의 천문학자 프레드 호일Fred Hoyle(1915~2001)이 내놓은 것이다.

프레드 호일은 무거운 원소들이 별의 내부에서 핵융합으로 형성된다는 이론을 제창한 뛰어난 학자로, 호킹 이전에는 영국에서 가장 저명한 천체 물리학자였다. 여기서 정상이란 평범하다는 뜻이 아니라 시간이 흘러도 변하는 양상이 일정하게 유지된다는 뜻이다. 흐르는 강물처럼 변하긴 변하는데, 늘 같은 모습이란 얘기다.

정상 우주론은 정적인 우주와 다르게 우주가 팽창하기는 하지만 그 대략적 형상은 언제나 같고 시작도 끝도 없다는 가설이다. 팽창해서 멀어진 은하 사이를 새로운 물질이 탄생해 메워 주기에 물질의 밀도는 거의 변하지 않는다는 것이다. 에너지 보존 법칙이 의심스럽지만 시간당 새로 추가돼야 하는 물질의 양이 아주 작아도 되고 당시 관측 결과와도 잘 맞았다. 균질하고 등방할 뿐 아니라 시간이 흘러도 변하지 않으니 '완전 우주 원리'를 만족한다. 하지만 정상 우주론은 우주

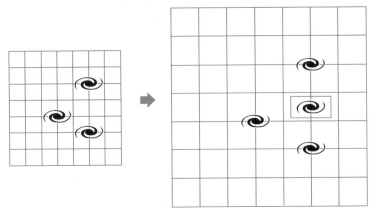

그림 12 호일의 정상 우주론에 따르면, 우주가 팽창해도 빈자리에 새로운 은하(가운데 박스 안)가 태어나 물질의 밀도는 일정하게 유지된다.

의 기원을 설명하지 못한다.

정상 우주론과 경쟁한 이론은 조지 가모프[●]와 제자 랠프 앨퍼Ralph Alpher(1921~2007)가 처음 주장한 '빅뱅 이론Big bang theory'이다. 그들은 정상 우주론이 물리학의 기본 법칙인 질량과 에너지 보존 법칙을 위배한다고 지적하고 우주가 팽창하면 시간에 따라 우주가 달라 보여야 한다고 주장했다. 이 가설에 따르면 물질은 빈 공간에서 생기지 않으며 시간이 흐를수록 우주의 물질 밀도는 낮아진다.

가모프와 앨퍼는 영화 장면을 되돌리듯 현재 우주 팽창을 거꾸로 돌려 보면 과거로 갈수록 우주가 더 작았고 따라서 물질 밀도가 높았고 더 뜨거웠다는 것과, 우주 탄생 수분 후 천억 도의 온도와 높은 밀

[●] 프리드만의 제자인 가모프는 1933년 브뤼셀에서 열린 솔베이학회에 참석 후 구 소련을 탈출해 미국에 정착했다.

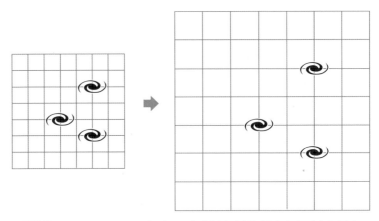

그림 13 가모프의 빅뱅 우주론에 따르면, 우주가 팽창함에 따라 물질들의 밀도는 점점 작아진다.

도는 원자를 중성자와 양성자로 분해하기에 충분하다는 것을 알게 됐다. (그림 13의 오른쪽에서 왼쪽으로, 화살 반대로 생각해 보라.) 사실 과거의 우주가 굉장히 작았다는 것은 1931년 르메트르가 이미 발표했다. 그는 태초의 우주는 모든 물질이 하나의 원자로 뭉친 '원시 원자primeval atom' 상태였고 이것이 분리되어 우주의 물질이 됐다고 생각했다.

1948년 앨퍼, 한스 베테Hans Bethe(1906~2005), 가모프는 그 시점에서부터 시간을 다시 정상적으로 돌려 보면 우주가 팽창하면서 중성자, 양성자가 다시 합쳐지면서 수소와 헬륨 같은 가벼운 원자들이 우주 탄생 후 몇 분 안에 형성됐다고 주장했다. 우주가 워낙 뜨거워 원자들이 가장 안정적인 철로 바뀌지 못해 가볍고 작은 원자들이 많이

● 독일 출신의 미국의 물리학자 한스 베테는 1967년 핵반응 이론에 대한 공헌과 항성의 에너지원에 관한 연구 업적으로 노벨물리학상을 수상하였다.

생긴다는 것이다. 당시 이 뉴스를 전한 〈워싱턴 포스트The Washington Post〉는 "우주가 5분 동안에 시작됐다"라는 헤드라인을 뽑았다. 이것이 빅뱅 이론의 첫 번째 증거였다.

나중에 학자들은 이 가설에서 이론적으로 예상되는 원소들의 비율이 관측된 값과 거의 비슷함을 알게 됐다. 세 사람의 이름이 그리스 문자 순서와 비슷하다고 해서 이 이론을 '알파-베타-감마 이론'이라고 부른다. 이들의 연구 이전에 무거운 원소들이 별 내부에서 생성된다는 것이 이미 호일의 이론으로 밝혀졌지만, 그 재료가 되는 수소와 헬륨 같은 가벼운 원소들은 어디에서 왔는지 모호했다.

가모프의 핵합성 이론을 '원시 핵합성primordial nucleosynthesis'이라고 한다. 우주 나이 10초에서 20분 사이의 시점에서 우주의 팽창 속도가 핵합성 속도에 결정적 영향을 미친다. 최종적으로 질량으로 볼 때 약 수소 75%와 헬륨 25%가 나온다. 만약 빛이나 중성미자 같은 가벼운 입자의 종류가 너무 많으면 흑체 복사black body radiation [●] 법칙에 의해 같은 온도에서 우주의 밀도가 상대적으로 증가하고 우주 팽창 속도(즉 허블 계수)도 커진다. 그러면 중성자가 양성자로 바뀌는 시간이 짧아져 상대적으로 헬륨의 존재비가 커진다. 수소와 헬륨의 비는 천체 관측을 통해 알 수 있으므로 원시 핵합성 시점에서 우주의 팽창 속도, 더 나아가 빛처럼 가벼운 입자들의 종류 수가 제한을 받게 된다.

이러한 원리를 이용해 가속기 실험이 있기 전에 벌써 중성미자의 종류가 최대 4개 이하여야 한다는 것을 우주론 학자들은 알고 있었

● 흑체란 모든 빛을 흡수한 후 온도에 따른 빛을 내는 가상의 물체다. 이런 물체가 내는 빛을 흑체 복사라 하는데, 별빛이나 우주 배경 복사가 이와 유사하다.

다. 이 말은 쿼크quark나 렙톤lepton들도 4세대 이하여야 한다는 것이다. 원시 핵합성은 빅뱅 이론의 중요한 증거일 뿐 아니라 우주론을 검증하는 좋은 잣대다. 어떤 우주론이든 우주의 원소 비율을 설명할 수 있어야 하는데, 생각보다 맞추기 까다로운 조건이다.

1946년 가모프는 우주의 나이를 30억 년으로 가정해서 현재 우주의 온도를 절대 온도° 50도로 추정했다. 그 후 가모프와 앨퍼, 미국 과학자 로버트 허먼Robert Herman(1914~1997) 등은 원시 우주의 빛이 식어 절대 온도 5도나 7도의 흑체 복사로 남아 있을 것이라 예측했다. 이 빛이 바로 우주 배경 복사다. 빅뱅 이론이 맞는다면 우주는 이 빛으로 가득 차 있어야 했다.

과학자들이 알아낸 우주의 역사는?

이쯤에서 과학자들이 알아낸 우주의 역사를 그림으로 정리해 보자. 과학자들은 우주의 크기와 온도가 반비례한다고 가정하고 태초에 우주의 크기를 0으로 정했다. 이렇게 하면 시간별로 온도를 계산할 수 있고 그 온도에서 무슨 일이 일어났는지 유추할 수 있다. 그림 14를 보면 가로축은 시간, 세로축은 우주의 크기(R)를 나타낸다. 우주의 시초 '빅뱅'은 어떻게 시작됐는지 정설은 없다. 빅뱅이 시작되고 10^{-43}초까지는 우주의 네 가지 힘이 모두 통일돼 있는 시점인데, 우리가 잘 모르

● 모든 입자의 에너지가 최소인 상태를 0으로 가정한 온도의 측정 단위로, 섭씨 영하 273.15도를 절대 영도로 보며 단위는 K다.

는 영역이다. 참고로 이 지수 표시는 0.00000……으로 0이 43개 나온 후 1이 있는 소수다. 그야말로 어마어마하게 짧은 시간이다.

이 시점 이후로는 중력과 나머지 세 가지 힘이 분리된 것으로 보이는데, 대통일 이론(Grand Unified Theory: GUT) 시대라 한다. 빅뱅 직후 10^{-36}초 정도에 우주는 급팽창inflation을 시작해 10^{-32}초 정도에 끝나는데, 찰나보다 짧은 이 시간에 엄청난 크기로 커진다. 이때도 인플라톤이란 일종의 암흑 에너지가 지배했다고 본다.

급팽창 기간 중 진공의 양자 요동quantum fluctuation* 때문에 물질의 밀도 분포 차이가 생겨 이후 우주 배경 복사에 그 흔적을 남겼고 더 훗날 우주의 구조를 만드는 씨앗이 된다. 이 급팽창이 끝난 후 남은 세 가지 힘 중 강력과 약전력이 분리됐다고 본다. 급팽창은 대통일 이론의 '상전이phase transition'**라 보는 시각이 많다. 급팽창 기간은 1초도 안 되는 매우 짧은 기간으로, 그림에서는 그 시간 간격이 길게 과장돼 있다. 사실적으로 그리면 사실상 수직선이 돼야 한다.

우주 나이 10^{-12}초(1조분의 1초)에는 약전력이 약력과 전자기력으로 갈라지는 약전 상전이가 일어난 것으로 보인다. 이때 우주 온도는 1000 GeV, 즉 대략 1조 도 정도가 된다. 초대칭이 있다면 이 근처에서 대칭성이 깨져야 한다. 우주 나이가 100만분의 1초쯤에는 쿼크들이

● 아무것도 없는 진공이나 에너지가 최저인 절대 0도에서 양자 역학의 불확정성 원리에 의해 항상 물질이 탄생하고 소멸하거나 에너지나 운동량의 순간적인 변화가 있다. 이를 양자 요동이라 한다. 급팽창 기간 중 양자 요동에 의해 우주 물질 분포의 불균질성이 생겼다고 본다.

●● 상전이란 물이 얼음이 되듯이 물질의 상태가 갑자기 변하는 것을 말한다. 우주도 팽창하면서 그 안의 물질들이 상전이를 한다.

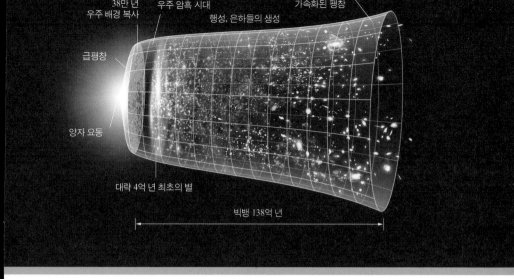

그림 14 우주의 역사. 가로축은 시간이고 종모양은 우주의 크기 R을 시간에 따라 그린 것이다.

뭉쳐 중성자와 양성자를 만드는 쿼크−하드론hadron$^{●}$ 상전이가 있었다. 우주 나이 3분대에는 온도가 더 식어 중성자와 양성자가 뭉쳐 수소와 헬륨 핵이 만들어진다. 이때가 원시 핵합성의 시대다. 우주는 물질들의 중력 때문에 계속 감속 팽창을 한다.

약 38만 년 후 온도가 식어 전자가 양성자에 붙들리면서 원자가 되고 빛은 대신 자유롭게 돌아다닐 수 있게 된다. 재결합 시기다. 이때 나온 빛이 약 138억 년 동안이나 적색 이동을 겪어 현재 윌킨슨 마이크로파 비등방성 탐색기(Wilkinson Microwave Anisotropy Probe: WMAP)$^{●●}$나 플

● 강한 상호작용을 하는 입자족의 총칭이다.

랑크 위성에 의해 우주 배경 복사 전파 신호로 잡힌다. 이 전파의 방향에 따른 차이를 재면 초기 우주의 밀도 요동density perturbation●●●을 알수 있다. 관측된 밀도 요동을 자세히 분석해 보면 우주가 어떻게 팽창해 왔는지에 대한 정보도 추가로 알 수 있다.

급팽창 이후 처음에는 물질보다 빛이 더 에너지가 많다가 우주나이 약 4만 7000년이 되면 물질, 특히 암흑 물질이 대세가 된다. 우주 나이 4억 년까지는 별이 생기지 않아 어둡다. 암흑 물질 주위로 작은 천체들이 모여 은하단 같은 큰 천체를 형성한다. 은하와 별, 행성들도 생성된다. 급팽창 이후로는 여기까지 줄곧 감속 팽창을 해왔다(그림 14에서 위로 볼록한 모양). 그러나 초신성 관측에 따르면 지금으로부터 약 70억 년 전에 다시 암흑 에너지가 물질들보다 비율이 높아져 가속 팽창이 시작됐다(그림 14에서 아래로 볼록한 곡면).

1000년 전의 우주 역사도 잘 모르는데 138억 년 전을 안다니, 과장이나 상상이 아닌가? 이제 도대체 어떤 과정을 통해, 무슨 근거로 과학자들이 이런 역사를 알아냈는지 자세히 알아보자.

●● COBE에 이어 우주 마이크로파 배경의 온도 차이를 측정하기 위해 2001년 6월 30일 NASA가 발사한 위성이다.

●●● 우주에서 물질의 밀도가 시공간에 따라 불균질한 현상. 급팽창에서 생긴 아주 작은 밀도 요동이 중력의 영향으로 점점 크게 자라 현재 우주 천체의 씨가 되었다고 본다.

태초의 빛 흔적: 빅뱅 이론과 우주 배경 복사

수백억 년 전 우주는 매우 작고 뜨거운 상태에서 폭발적으로 커졌으며 점점 크고 차가운 상태로 가고 있다고 빅뱅 이론은 주장한다. 한국 아이돌 그룹과 미국의 인기 시트콤 제목으로도 유명한 '빅뱅'이란 명칭은 BBC 라디오 방송에서 프레드 호일이 가모프의 이론을 소개하며 처음 사용한 용어다. "이 이론들은 먼 과거 어떤 시점에 우주의 모든 물질이 큰 폭발big bang에서 창조됐다는 가설에 기초한다"라고 말했는데, 나중에 호일은 비꼬는 투가 아니었으며 정상 우주론과의 차이점을 강조한 것이라 해명했다.

1950년대 들어와 전파를 내는 퀘이사quasar(Quasi-stellar Object)⁎나 라디오 은하(강력한 라디오파를 방출하는 은하)가 먼 거리에 있고, 즉 먼 과거에 많고 우리 은하 주변에 없다는 것이 알려져 우주가 늘 같다는 정상 우주론에 대한 의심이 들기 시작했다. 가모프와 동료들은 초기 우주의 뜨거운 플라스마plasma(이온과 전자가 기체처럼 섞여 있는 상태)가 내는 빛이 식어서 지금은 우주를 전파로 가득 채우고 있을 것이라고 예측했다. 이 두 이론은 치열한 논쟁을 불러왔다. 가모프는 '우주 배경 복사'를 예견한 것이다. 우주 배경 복사는 마치 그림의 배경처럼 우주의 모든 곳에서 오는 빛이나 전파를 의미한다.

1964년 미국 뉴저지 주에 있는 벨연구소의 아노 펜지어스Arno Penzias(1933~)와 로버트 우드로 윌슨Robert Woodrow Wilson(1936~)은 뿔 모

● 겉보기에 별과 비슷하지만 매우 강한 빛을 내며 멀리 있는 천체로, 요즘은 초거대 블랙홀을 가진 초기 은하의 핵으로 본다.

양 초단파 통신용 안테나를 정비하다 의문의 마이크로파 전파 잡음을 발견했다. 이 전파는 우주의 모든 방향에서 균질하게 오고 있어서 인공 물체나 태양이나 별 같은 특정 천체로부터 오는 것이 아니었다. 이 잡음을 제거하기 위해 모든 전파원을 조사하고 안테나 안의 비둘기 집을 치우는 등 온갖 노력을 다했지만 그 정체를 도무지 알 수 없었다.

펜지어스와 윌슨은 근처 프린스턴 대학교의 천문학자 로버트 디케Robert Dicke와 제임스 피블스의 도움을 받아 이 잡음이 바로 빅뱅 이론이 예측하는 태초의 빛의 흔적인 우주 배경 복사임을 알게 되었다. 이 공로로 펜지어스와 윌슨은 1978년 노벨물리학상을 받았다.

흑체 복사 이론에 따르면 온도가 있는 모든 물체는 모든 파장의 빛을 방출하는데, 온도가 높을수록 짧은 파장에서 많은 빛을 방출한다. 빅뱅 우주론에서 보면, 초기 우주는 고온의 흑체로, 그 온도에 해당하는 고에너지 빛이 가득 차 있었다. 이 빛은 전자를 때려 원자에서 떼어내고, 그 결과로 생긴 플라스마는 빛이 맘대로 지나가지 못하게 한다. 마치 안개가 낀 것 같다.

우주가 탄생한 지 약 38만 년이 지나면 우주의 온도가 절대 온도 약 3000도 정도로 충분히 식고 빛의 에너지도 줄어들어 더 이상 빛이 원자에게서 전자를 떼어낼 수가 없게 된다. 그래서 전자는 원자의 일부로 붙잡힌다. 그때 자유로워진 빛에게 우주는 갑자기 안개가 걷힌 듯 투명해지게 된다. 이 현상을 재결합recombination이라고 한다. 이온과 전자가 우주 역사상 처음으로 결합했고 갈라선 적도 없으므로 재결합이란 이름은 부적절하지만 말이다.

재결합은 태양 내부에서 만들어진 빛이 태양 표면에서 플라스마의 방해를 드디어 이기고 빠져 나오는 것과 비슷하다. 이 온도의 빛은

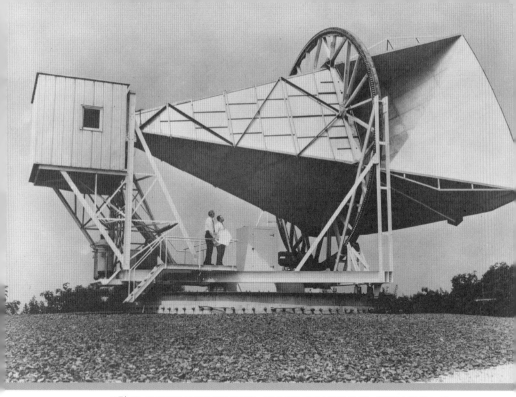

그림 15 우주 배경 복사를 처음 관측하는 데 사용된 안테나 밑에 서 있는 펜지어스와 윌슨. 안테나는 접시 안테나에서 일부만 잘린 뿔 모양이다.

파장 약 1마이크로미터의 적외선과 그 부근의 가시광선으로 당시 우주를 가득 채웠다. 이때 나온 빛이 살아남아 138억 년 뒤 지구에 도착한 것이 바로 우주 배경 복사다. 그 빛이 여행 중 1100배의 우주 팽창을 겪으면서 파장도 그만큼 늘어나는 적색 이동이 되었고, 파장 약 1밀리미터의 마이크로웨이브 전파의 형태로 지금까지 떠도는 것이다. 쉬~하는 라디오 잡음이나 채널이 없는 TV 화면의 점 같은 잡음에도 이 배경 복사 신호가 일부 들어가 있다.

우주 배경 복사가 발견되자 빅뱅 우주론은 정상 우주론보다 결정적인 우위를 차지했다. 정상 우주론자들은 우주 초기 별들의 빛이 우주 배경 복사로 남은 것이라며 끝까지 저항했다. 하지만 우주 배경 복사가 방향에 무관하고, 훗날 밝혀진 대로 스펙트럼이 절대 온도 약 2.7도인 흑체 복사라는 점을 설명하기 힘들었다. 스티븐 호킹은 이 발견을 "정상 우주론의 관에 마지막 못질을 한 것"이라고 표현했다.

그러나 여전히 빅뱅 우주론은 팽창하는 우주에서 어떻게 물질들이 뭉쳐 천체가 되는지를 설명해야 했다. 태초의 우주가 뜨거워서 물질 분포가 완벽하게 균질하다면 어디에 물질이 모여 은하가 될지는 어떻게 결정되겠는가? 태초에 아주 작은 불균질성이 있다면 밀도가 높은 부분이 씨앗 역할을 해 다른 물질들을 중력으로 끌어들여 은하나 별 같은 천체가 형성될 수 있다.

한번 물질이 모이기 시작한 곳은 중력이 더 커져 선순환이 이뤄진다. 비유하자면 하늘에서 수증기가 뭉쳐 눈과 비가 만들어질 때도 먼지 같은 씨앗이 조금 필요한 것과 같다. 천체 관측과 구조 형성 이론에 따르면, 이런 밀도 요동의 크기는 약 1만분의 1에서 10만분의 1 정도여야 한다. 예를 들어 한 장소의 밀도가 1이면 다른 곳은 밀도가 1.0001이나 0.9999 정도 돼야 한다는 말이다. 그 요동은 길이 척도에 무관하게, 즉 은하에서 초은하단 이상까지 일정해야 한다. 만약 작은 척도에서 요동이 더 크다면 우주는 작은 블랙홀이 엄청나게 많아야 하고, 큰 척도에서 요동이 더 크다면 중력 때문에 모든 물질이 지금보다 더 거대한 덩어리로 뭉쳐 있을 것이다. 그리고 시간상 그 씨앗은 우주 초기부터 있어야만 한다.

그러나 실망스럽게도 측정된 우주 배경 복사의 세기는 방향과 상관없이 아주 일정해 보였다. 전파의 요동이 너무 작아서 펜지어스와

월슨이 당시 기술로는 측정하지 못했던 것이다. 이런 밀도 요동이 진짜 있었다면 밀도가 약간 높은 부분에서 나온 빛은 중력 때문에 에너지를 더 잃어 약간 더 긴 파장의 전파가 됐을 것이고, 밀도가 약간 작은 부분에서 나온 빛은 약간 더 짧은 파장의 전파가 됐을 것이다(나중에 살펴볼 색스-울프 효과다). 단 밀도가 높은 부분은 온도가 높아 이런 효과를 일부 상쇄시킨다. 이런 여러 효과가 우주 배경 복사에서 전파의 온도 차이로 반영되어 우주 배경 복사는 완벽하게 균질하지 않고 오는 방향에 따라 약간씩 다르게 나타난다. 이것이 바로 우주 배경 복사의 온도 요동이다. 1992년 최초의 우주 배경 복사 탐사선 COBE(Cosmic Observer Background Explorer) 위성이 이 요동을 처음으로 관측함으로써 우주론은 정밀 과학의 시대로 접어든다.

우주 배경 복사의 요동을 측정하는 것은 쉽지 않았다. 우주 배경 복사의 전파는 지구 대기나 수분에 흡수되기 쉬웠다. 미국의 천문학자 조지 피츠제럴드 스무트George Fitzgerald Smoot(1945~)는 이 문제를 극복하기 위해 고층 대기로 올라갈 수 있는 열기구와 냉전 시대 사용된 U2 고공 정찰기에 작은 안테나를 실어 우주 배경 복사를 관측했다. 지구의 우주 배경 복사에 대한 움직임 때문에 생기는 도플러 효과로 배경 복사가 지구 진행 방향 앞뒤로 1/1000 정도의 차이가 난다는 것을 확인했지만 원하던 초기 우주의 밀도 요동은 아니었다. 비행기나 기구는 대기가 없으면 떠 있을 수 없다. 대기의 효과를 완전히 없애기 위해 스무트는 미국항공우주국(NASA)에 제안해 COBE를 1989년 11월 18일에 발사했다.[*] 이런 위성은 기본적으로 하늘에 떠 있는 안테나다.

COBE 위성은 두 개의 안테나로 우주 두 방향에서 오는 우주 배경 복사 전파의 차이를 쭉 돌아가며 측정했다. 9, 5, 6, 3.3밀리미터의 다양한 파장대의 전파도 측정했다. 그 결과 우주 배경 복사의 스펙트럼이 흑체 복사와 정확히 일치하며 그 온도가 절대 온도 약 2.723도(섭씨 영하 270.4도)라는 것을 밝혔다. 이 온도를 우주의 온도라 생각할 수 있다(중성미자의 온도는 다르다).

그러나 배경 복사의 요동을 측정하기 위해서는 2년간의 측정 데

● 이 발사 현장에는 우주 배경 복사의 존재를 맨 처음 예측했음에도 제대로 인정받지 못했던 랠프 앨퍼와 로버트 허먼도 있었다고 한다.

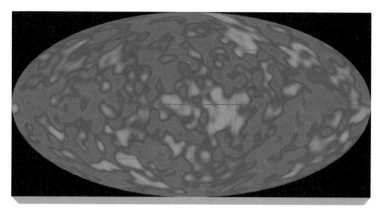

그림 17 COBE 위성이 발견한 우주 배경 복사의 요동 지도. 신의 지문 또는 신의 얼굴이라고
보도됐다. 얼룩은 우주 나이 38만 년 때 하늘의 해당 방향에서 우주 물질의 많고 적은 영역을 표
시한다.

이터를 더 모아야 했고 우리 은하에서 오는 전파도 빼 주어야 했다.
1992년 4월 드디어 COBE 위성은 우주 배경 복사에서 10만분의 1 정
도의 미세한 온도 변화를 관측했다. 이 값은 은하 등의 천체 형성을 설
명하기 위해 천문학에서 이론적으로 요구되던 값과 비슷해 충격을 주
었다. 당시 스무트는 기자회견에서 "이것은 신을 본 것과 같다"라고
말했는데, 우주 탄생 38만 년 후의 우주 모습을 보여 주므로 그럴싸한
과장이다.

　　이 발견이야말로 인류가 우주를 제대로 이해하기 시작했다는 중
요한 근거이고 인류 이성의 큰 승리다. 스티븐 호킹은 이 발견이 "모든
시대는 아닐지 몰라도 이번 세기를 대표하는 과학적 발견"이라며 칭
송했다. 우주 배경 복사의 측정은 다시 한 번 빅뱅이 사실임을 보여 주
고 복사의 요동은 은하나 태양계 같은 천체가 초기 우주의 아주 미세
한 밀도 차이로부터 자라났다는 것을 재확인시켜 준다.

그림 17은 COBE가 측정한 모든 하늘 방향에서 오는 전파의 온도 지도로, 흔히 보는 세계 지도처럼 구면을 평면으로 투영하여 타원체로 표시한 것이다. 붉은색 영역은 평균보다 10만분의 1 정도 전파의 온도가 높은 방향이고 푸른색은 온도가 낮은 방향이다. 만약 사람이 해당 파장의 전파를 보는 예민한 눈이 있다면, 지구가 움직이는 쪽 밤하늘은 대체로 푸르게 다른 쪽은 붉게 보이고 그 와중에 미세한 얼룩 또는 물결ripple이 그림 17처럼 보일지도 모른다.

이 그림은 빅뱅 38만 년 후 해당 방향의 우주 영역이 밀도가 높았는지 낮았는지를 알려 준다. 지도의 분해능은 약 7도로 제일 작은 얼룩 하나의 크기는 달의 14배 정도 되고 지구에서 본 초은하단보다 크다. 분해능은 썩 좋은 편이 아니지만 이 발견의 공로로 조지 스무트와 존 매더John Mather(1946~)는 2006년 노벨물리학상을 수상했다.

문제 해결의 열쇠는 '암흑 물질'

COBE 위성 이전에는 우주론에 부정적인 학자들도 많았고, 심지어 우주론은 역사학처럼 재현이 불가능하니 과학이 아니라는 사람들도 있었다. 하지만 우주 배경 복사의 정밀한 측정이 이뤄지면서 우주론을 정량적으로 다룰 수 있게 되었고, 정밀 과학의 영역으로 들어간 우주론은 갑자기 21세기 물리학의 가장 유망한 분야가 되었다.

은하 같은 천체가 생기기 위해서는 암흑 물질이 필수적이다. 우주 구조 형성 이론에 따르면, COBE가 관측한 태초의 밀도 요동이 있다면 물질의 밀도가 높은 물질이 작은 쪽의 물질을 중력 힘겨루기에서 이겨 끌어당기고 점점 밀도가 높아지는 순환을 통해 천체가 생기는데, 그 요동이 성장하는 정도는 우주 팽창에 비례한다. 따라서 재결합 시기로부터 우주가 1100배 증가했으므로 밀도 요동은 COBE가 관측한 10만분의 1에서 지금은 10만분의 1 곱하기 1100, 즉 약 100분의 1 정도로밖에 커지지 않아야 한다. 예를 들어 우주의 물질 평균 밀도가 1이면 어떤 지역의 밀도는 겨우 1.01이나 0.99 정도의 차이가 있다는 것이다. 그런데 현재 우주 공간은 거의 텅 비어 있고 은하 쪽은 물질이 많다. 우주 평균에 비교해 은하의 물질 농도는 100 이상이므로 이 값과 상당한 오차가 있다. 요동이 자라날 절대 시간이 부족한 것이다.

이 문제 해결의 열쇠 역시 암흑 물질이다. 바리온 물질과 빛은 플라스마 상태로 서로 부딪혀, 물질이 모여 구조가 자라는 것을 방해한다. 이 상황은 재결합까지 계속된다. 반면 암흑 물질로 만들어진 구조물은 빛의 방해를 받지 않고 재결합 이전에 이미 상당히 독자적으로 성장할 수 있다. 재결합한 후 빛과 헤어진 일반 물질들이 이미 홀로 성장한 암흑 물질의 중력에 빨려 들어가 천체를 만드는 것이라면 시간이 부족한 문제를 해결할 수 있다.

지구에서 관측된 우주 배경 복사의 통계 분포는 배경 복사가 처음 생긴 우주 나이 38만 년부터 긴 여행 후 지구에 도달한 138억 년 후인 지금까지 모든 우주 역사에 영향을 받는다. 우주 배경 복사는 암흑 물질과 암흑 에너지 비율, 허블 계수 등 우주론의 여러 가지 물리 상수와 관계가 깊어 숨겨진 보물 지도라고 할 수 있다. 우주 배경 복사와 허블 망원경 등 광학 관측 결과를 조합하면 우주론의 계수들을 더욱 정확하게 파악할 수 있다. 자연스럽게 과학자들은 COBE보다 더 정밀한 우주 배경 복사 관측 위성이 필요했다.

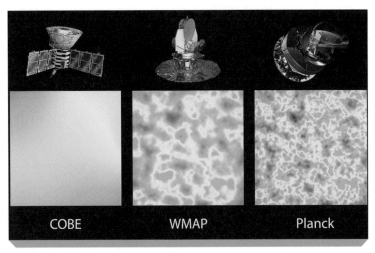

그림 18   우주 배경 복사 탐색 위성의 종류와 분해능을 비교한 그림이다.

그림 18은 COBE, WMAP, 플랑크 위성의 모습과 우주 배경 복사 분해능을 비교한 모습이다. 뒤로 갈수록 마치 최신 휴대폰 화면의 화소수가 증가하듯 분해능이 크게 증가하는 것을 알 수 있다. 물론 분해능이 좋아질수록 통계 오차는 줄어들어서 좋다.

2001년 NASA와 프린스턴 대학교 연구팀에 의해 발사된 윌킨슨 초단파 비등방 탐사 위성(WMAP)은 각분해능이 최고 0.23도로 COBE보다 30배 이상 좋고 감도도 45배 이상 뛰어나다. 하늘에서 각도로 0.23도 이상 크기의 얼룩을 구분할 수 있다는 뜻이다. WMAP 위성 데이터는 표준 모형 모델이 잘 맞는다는 것을 확인했고 우주의 나이를 137억 년으로 1% 오차 이내로 결정하였다. 허블 계수도 70.0±2.2㎞/s/Mpc이라는 전에 없던 정밀도로 측정하였다.

2009년에 발사된 유럽우주국(ESA)의 플랑크 위성의 각 분해능은 최고 5분이고 감도도 WMAP보다 더 좋아 100만분의 2도 정도의 작은 온도 요동도 측정할 수 있었다. 플랑크 위성의 결과는 WMAP 결과를 기본적으로 재확인했고 더 작은 오차에서 우주론의 상수들을 찾아냈다. 2015년의 데이터를 보면 우주의 나이는 137.99±0.21억 년이고 허블 계수는 67.74±0.46㎞/s/Mpc이다(0.7% 오차 이내로 결정). 암흑 에너지의 비율은 $\Omega_\Lambda = 0.6911 \pm 0.0062$이고 물질의 비율은 $\Omega_m = 0.3089 \pm 0.0062$로 나왔는데, 이 책에서는 이 값을 기준으로 한다. 우주 전체 에너지 중 암흑 에너지가 약 69%를 차지하고 물질의 양은 약 30%다. 이 30%의 물질 가운데 일반 물질은 약 4.8%, 암흑 물질은 약 25.8%를 차지한다. 중성미자도 표준 모형의 세 가지 종류만 있는 것으로 확인돼 비활성 중성미자는 설 자리가 줄어들었다.

겨우 배경 복사의 얼룩 모양으로부터 어떻게 이렇게 자세한 정보를 끄집어낼 수 있을까? 전체 하늘의 우주 배경 복사 요동을 관측한 지도에서 두 점 간 배경 복사의 온도 요동에 대한 유사성을 계산해 평균을 내고 두 점 사이 각도의 함수로 그 값을 그래프로 나타내면 그림 19의 파도 모양처럼 된다. 이런 그림을 파워 스펙트럼이라 하는데, 우주 배경 복사의 얼룩무늬를 천구면(하늘을 공 모양으로 보는 것) 위의 파동으로 본다면 어떤 파장의 성분이 많은가를 그린 것이다. 공학에서 푸리에 분석●이나 오디오에서 이퀄라이저●●로 음악의 음색을 표시하는 것과 비슷하다. 이 그림에서 왼쪽으로 갈수록 하늘에서 넓은 각으로

●　변환 시간에 따른 신호 변화를 진동수로 분해하는 작업.

●●　음성 신호의 주파수 특성을 그래프로 표기하여 변경하는 장비.

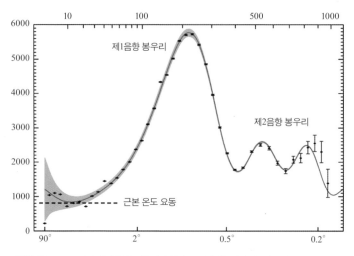

그림 19 WMAP 위성이 관측한 우주 배경 복사 요동의 하늘에서 각도별 크기.

본 것이고 오른쪽으로 갈수록 미세한 얼룩을 본 것이다.

　그림 19의 그래프에서 파도의 봉우리를 '음향 봉우리acoustic peak' 라 한다. 예를 들어 첫 번째 산봉우리가 튀어 나온 것은 하늘에서 1도 정도 떨어진 두 지점들에서 오는 전파들의 온도 관련성이 다른 각도인 경우보다 유달리 강하다는 의미다. 더 쉽게 말하면 1도 정도 크기의 얼룩 모양이 유달리 많다는 말이다. 달이나 태양의 크기가 0.5도 정도 인데, COBE 위성의 분해능 7도로는 이 각도를 잴 수 없고 분해능이 더 뛰어난 WMAP 위성으로는 측정이 가능하다. 이런 봉우리들의 존 재는 이미 1999년 부메랑 같은 풍선(기구)을 이용한 우주 배경 복사 관 측 실험에서 확인된 바 있다. 그때 봉우리의 모양으로부터 우주가 편 평하다는 것이 재확인됐다.

이러한 음향 봉우리는 왜 생기는 것일까? 러시아의 물리학자 안드레이 사하로프Andrei Sakharov(1921~1989)가 제안한 가설과 우주 구조의 형성 이론에 따르면, 우주 초기(아마도 급팽창)에 생긴 밀도 요동 때문에 물질들이 주변보다 더 몰리는 부분은 자체 중력으로 압축되려 한다. 하지만 초기 우주에서는 바리온 물질들이 전기를 가진 플라스마 형태라 빛과 서로 충돌하기 때문에 지나치게 압축된 물질들은 빛의 압력으로 다시 튕겨 나온다. 너무 멀어지면 중력 때문에 다시 수축하면서 튕겨 나오는 팽창과 수축을 진동처럼 반복한다. 그 결과 이때 마치 연못에 돌을 던지면 수면파가 생기는 것처럼 물질과 빛의 파동이 발생하고 그 파동은 광속의 절반 정도 속도로 소리처럼 우주 공간에 퍼지게 된다. 이런 현상을 '음향 진동'이라 한다. 우주가 악기 역할을 하는 것이다. 그래서 음향이란 단어가 들어 있고 '우주의 음악,' '우주의 교향곡'이란 멋진 별명이 붙었다.●

초기 밀도 요동은 척도에 무관해야 하므로 물질이 모이는 곳은 다양한 크기로 여러 곳에서 압축과 팽창이 동시에 일어난다. 우주가 더 팽창해 온도가 내려가고 재결합 시점이 되면 안개가 걷히듯 빛과 플라스마가 갑자기 분리되어 바리온 물질의 동그란 파동들은 정지 화면처럼 멈춰진다. 이때 나온 빛이 맑아진 우주를 138억 년을 달려 지구에서 보이는 것이 우주 배경 복사이고, 지구에서 보았을 때 그 빛(우주 배경 복사)이 나오는 면을 '최후 산란면last scattering surface'이라 한다. 이때 파동들이 최대 크기가 돼서 마침 방향을 되돌리는 지역은 밀도가 높

● 유튜브에 "Cosmic Sounds of the Big Bang"이라고 검색해 보면 우주 배경 복사를 소리로 변환한 것을 직접 들어 볼 수 있다.

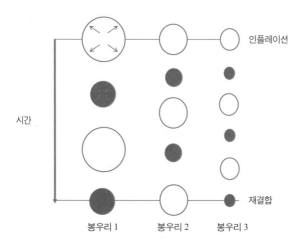

인플레이션

시간

재결합

봉우리 1   봉우리 2   봉우리 3

그림 20 우주 배경 복사에서 음향 봉우리들이 생기는 원리. 그림은 다양한 크기의 밀도 요동
의 진화를 보여 준다. 흰색이 물질이 퍼진 상태고 진한 색이 뭉친 상태다. 재결합 시에 이런 진동
이 멈춰져 크기가 굳게 되고 우주 배경 복사에 두드러진 얼룩으로 나타난다.

아 더 도드라져 보인다. 이 위치를 '음파 지평선sound horizon'이라 한다.
그림 20에 이런 음향 봉우리들이 생기는 원리가 나와 있다. 태초의 급
팽창에서 시작된 밀도 요동이 진동의 형태로 존재하다 재결합 시에 얼
룩으로 우주 배경 복사에 나타나는 것이다.

반면 암흑 물질은 애초에 이들과 거의 상호작용하지 않으므로 수
축을 방해할 압력이 없고 자기들끼리 파동의 중심에서 차분히 뭉쳐
나중에 빛과 분리된 바리온 물질을 당기는 중력만 제공한다. 그래프에
서 봉우리의 위치는 멈춰진 바리온 물질들의 이런 파동의 너비가 하
늘에서 보이는 평균적인 각도를 나타내는 것이다. 봉우리의 높이와 위
치는 암흑 물질, 바리온 물질과 빛의 상대적 비율, 우주 상수 등 여러
가지 우주론 계수들의 복잡한 함수다.

그림 19를 보자. 여기서 점들은 관측된 값이고, 붙어 있는 막대기는 오차를 나타내는 표시로 막대가 작다는 것은 그만큼 정밀한 측정이 됐다는 것이다. 이 점들과 이론으로부터 계산된 곡선을 비교하면 우주론의 여러 계수들을 매우 정밀하게 결정할 수 있다. 예를 들어 바리온 물질, 즉 일반 물질이 많을수록 첫 봉우리는 커진다. 왜냐하면 이 효과 자체가 일반 물질과 빛의 상호작용 때문에 생기는 것이기 때문이다. 반면 바리온 물질이 일정한 조건이면 암흑 물질이 많아질수록 상대적으로 빛의 양이 줄어들어 봉우리들 높이가 낮아진다. 첫 번째 봉우리의 좌우 위치는 우주가 닫혀 있는지 여부, 첫 번째와 두 번째 봉우리의 비율은 암흑 물질과 비교해 바리온 물질이 많은가 여부 등을 알려 준다. 이렇게 물질의 상대적 비율을 바꿔 가며 관측된 점들과 계산을 일치시키면 그 정확한 비율을 알아낼 수 있다.●

예전에는 우주론은 아이디어 경쟁의 장이었고 아무리 황당한 가설을 내놓아도 검증이 어려웠다. 하지만 이제 어떤 우주론의 가설이든 우주 배경 복사 온도 요동 그래프의 봉우리와 골을 정확히 재현해 놓을 수 있어야 생존이 가능하다. 이러한 이론과 관측의 일치는 138억 년 전의 우주가 어떻게 진화했는지를 정확히 알고 있다는 놀라운 의미다. 여기서 중요한 것은 이러한 이론이 우주 배경 복사가 나오고 난후 해석한 것이 아니라 이미 그 전에 제기되었던 가설이 이후에 검증된 것이란 점이다. 천문학자들과 물리학자들은 우주에 대해 이미 많은 것을 이해하고 있었던 셈이다.

● 이에 대한 멋진 애니메이션은 시카고 대학교의 천문학자 웨인 휴Wayne Hu의 사이트 http://background.uchicago.edu/~whu/metaanim.html에서 볼 수 있다.

우주론적 계수들을 알아낼 수 있는 다른 방법은 우주 거대 구조를 연구하는 것인데, 우주 배경 복사와 상호 보완적으로 쓸 수 있다. 지상이나 위성의 대형 망원경을 이용해 은하들의 3차원 분포를 조사해 보면 아무렇게나 배치된 것이 아니라 수많은 은하들이 만든 필라멘트나 만리장성 같은 거대한 벽 같은 분포도 보이고 빈 공간도 있다. 앞서 말한 우주 나이 38만 년 때 생긴 우주 배경 복사의 음향 봉우리에 해당되는 파동은 나중에 그 온도 요동이 씨가 돼서 자라난 은하들의 분포에도 어떻게든 반영되어 있을 것이다.

실제로 우주 나이 100억 년쯤의 은하 분포를 관측해 보면 그림 21처럼 계산된 값과 비슷하게 약 5억 광년 간격으로 은하들이 많이 뭉쳐 있는 모양이 나타나는데, 이를 '바리온 음향 진동(Baryon Acoustic Oscillations: BAO)'이라 한다. 그림에서 공 모양이 잘 보이지는 않지만 넓은 지역을 평균 내 조사해 보면 그 정도 간격에서 유달리 은하들이 몰려 있을 확률이 크다는 것을 알 수 있다. 이 봉우리가 우주 배경 복사의 음향 봉우리에 대응된다.

우주 배경 복사로부터 현재 은하들이 만드는 물결의 진짜 크기 (약 5억 광년)를 알 수 있으므로 겉보기 크기를 재 보면 그 거대 구조까지의 거리, 즉 시간을 알 수 있고 그 구조물을 만들고 있는 은하들의 적색 이동을 재면 당시의 우주 크기를 알 수 있다. 이런 식으로 과거로 쭉 거슬러 올라가면, 다시 말해 더 먼 은하들까지 재 보면 초신성처럼 우주의 크기가 시간에 따라 어떤 식으로 변했는지 유추할 수 있다. 마치 우주 거대 구조를 '표준자'처럼 사용하는 것이다. 미국의 국제적 프로젝트인 슬론 디지털 우주 탐사(Sloan Digital Sky Survey: SDSS)가 대표적인 연구다.

그림 21 SDSS가 측정한 은하들의 분포도. 각 점들이 은하 하나를 나타낸다. 가운데가 태양계의 위치이고 중심에서 멀어질수록 과거 은하들의 분포를 보는 셈이다. 오른쪽은 은하들의 실제모습이다. 은하들의 분포는 암흑 에너지 70%, 차가운 암흑 물질 25%, 일반 물질 5%일 때와 잘일치한다.

    SDSS는 미국 뉴멕시코에 있는 구경 2.5미터의 광시야 광학 망원경을 사용하여 한번에 다수 은하의 위치와 적색 이동을 재서 수백만 천체의 3차원 지도를 구하는 프로젝트다. 직경 50억 광년에 해당되는 하늘의 부채꼴 영역을 조사해서 임의의 두 은하 사이의 거리의 상관관계를 통계적으로 조사했다. 물론 거리가 멀수록 은하들이 상관관계가 줄지만 약 5억 광년 거리에서만 갑자기 상관관계가 커지는 음향 지평선을 확인했다. 이 수치는 우주 배경 복사의 음향 봉우리에 해당되는데, 우주론 계수들을 결정하는 데 중요하게 쓰인다.

우주론의 핵심은 우주의 크기가 시간에 따라 어떻게 변하는지 연구하는 것이다. 암흑 물질과 암흑 에너지는 이러한 우주 팽창의 속도를 알아내어 미래의 우주 크기를 예측할 수 있게 한다. 그렇다면 그 우주를 이루고 있는 우주의 만물은 무엇으로 되어 있을까. 이 장에서는 우주는 어떤 모양이고 무엇으로 되어 있는지 살펴본다.

플랑크 위성이 관측한 우리 은하의 소용돌이치는 먼지들이 내는 파장 0.85밀리미터의 전파 신호의 분포. 태초에서 온 우주 배경 복사의 편광과 구분할 필요가 있다.

우주는 어떻게
진화했는가

아인슈타인의 '휘어진 시공간'

아인슈타인의 특수 상대성 이론은 말 그대로 '특별한' 상황에서만 성립하는 이론이다. 이는 물체들이 일정한 속도로 직선 운동을 할 때, 즉 등속 직선 운동을 할 때만 성립하는 이론이다. 그는 1905년 특수 상대성 이론을 내놓은 뒤 꼬박 10년간 연구를 거듭한 끝에 모든 상황에서 성립하는 상대성 이론을 발견하는 데 성공한다. 그것이 바로 일반 상대성 이론이다. 일반 상대성 이론 이후 우리는 중력에 관해 뉴턴 역학과는 완전히 다른 새로운 개념을 갖게 되었다.

1907년 아인슈타인은 하나의 아이디어를 떠올리는데, 우주 공간을 여행하는 로켓이 있다고 가정했다. 이 로켓이 앞쪽으로 가속되면 로켓 안의 사람들은 뒤쪽으로 힘을 받게 된다. 그런데 이 힘은 로켓의 가속에 의한 힘일까? 로켓 뒤쪽에 있는 물체의 중력에 의한 것일까? 아인슈타인은 두 힘이 같다는 결론을 얻었다. 즉 중력에 의한 관성력과 가속에 의한 관성력이 같다는 것이다. 이를 '등가 원리principle of equivalence'라고 부른다.

아인슈타인은 어떻게 해서 이런 결론을 얻게 되었을까? 그는 새로운 수학 분야인 비유클리드 기하학에 주목했다. 유클리드 기하학은 평평한 평면을 다루지만 비유클리드 기하학은 지구의 평면처럼 평평하지 않은 평면, 즉 곡면을 취급한다. 비유클리드 기하학에 주목한 것은 질량이 존재하는 곳에서는 공간과 시간이 모두 휘어진다고 보았기 때문이다. 그래서 공간과 시간이 곡선을 그리게 된다고 판단했던 것이다.

일반 상대성 이론에서 중력을 어떻게 정의하는지를 알려면 트램펄린 위에 볼링 공이 놓여 있다고 생각하면 된다. 유연한 트램펄린 표면에 무거운 볼

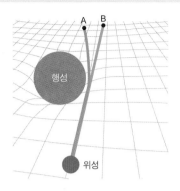

링 공을 놓으면 그 표면이 움푹 가라앉듯이, 대단히 무거운 물체(지구나 달, 태양 같은)가 시공간의 구조에 놓이면 같은 현상이 일어난다는 것이다. 즉 물체가 놓여 있는 우주의 차원들에 굴곡이 생기면서 공간과 시간이 모두 휘게 된다는 말이다. 트램펄린 위에 놓인 볼링 공처럼 물체의 무게가 무거울수록 더 많이 휘어지고, 그 무게의 영향을 받는 영역도 넓어지게 된다. 또 무거운 볼링 공을 향해 그보다 작고 가벼운 공을 굴리면, 작은 공은 무거운 공이 만들어 놓은 굴곡으로 인해 진행 경로가 휘게 될 것이다. 달이나 인공위성이 지구 주위를 도는 것도 이와 같은 원리다.

일반 상대성 이론에 따르면 중력장 안에 있는 물체들은 실제로는 곡선 운동을 하지 않는다. 예를 들어 달은 애초부터 지구 주위를 타원 궤도를 그리며 도는 것이 아니라 지구 질량으로 인해 시공간이 휘어져 있기 때문에, 그 휘어진 시공간을 따라 (직선으로) 진행하다 보면 경로가 휘어져 타원 궤도가 된다는 것이다. 얼핏 이상하게 들리지만 사실 이 개념은 우리에게 친숙하다. 지구 표면은 휘어져 있기 때문에 두 지점을 이어서 직선을 그리면(예컨대 뉴욕과 런던을 이으면) 직선이 되지 않고 지구의 곡면을 따라 곡선이 되는 것이다.

출처: 아이작 맥피, 《물리 캠프》, 이영기 옮김, 컬처룩, 2012.

우주의 크기는 시간에 따라 어떻게 변하는가

현대 우주론에서는 공간 자체가 팽창하므로 공간이 변하지 않는다는
가정을 쓰는 뉴턴 중력으로 설명하기는 어렵기 때문에 일반 상대성
이론의 개념을 적용해야 한다. 일반 상대성 이론은 시공간이 휘어진
다는 것을 미분기하학으로 이해하지만 여기서는 최대한 단순화해서
설명해 보고자 한다.

　우주론의 핵심은 크기 인자scale factor R로 상징되는 우주의 크기
가 시간에 따라 어떻게 변하는지 연구하는 것이다. 우주가 팽창한다
는 것은 이 크기 인자 R이 시간이 지남에 따라 커진다는 뜻이고 수축
한다는 말은 작아진다는 뜻이다. R이 커지는 경우라도 커지는 속도가
점점 빨라지면 가속 팽창한다고 하고 반대로 팽창 속도가 점점 줄어
들면 감속 팽창한다고 한다.

　흔히 우주론을 설명하는 그림에서 우주를 풍선에 비유하고 크기

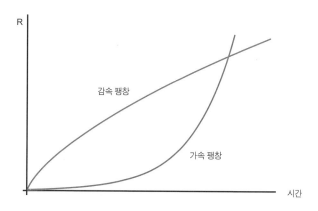

그림 22 우주가 감속 팽창하는 경우와 가속 팽창하는 경우의 우주의 크기 인자 R의 시간 변화.

인자 *R*을 풍선의 반지름에 비유하는데, 이는 정확한 표현은 아니다. (우주는 구형이 아니라 편평할 수도 있기에 우주의 반지름라고 함부로 얘기할 수 없다.) 하지만 우주를 둥근 풍선처럼 보고 *R*을 우주의 반지름에 '비유'하는 것은 시각적으로 상상하는 데 도움이 된다. 이 *R*은 관측으로 알 수 있는 어떤 길이가 아니라 특정 시점에 비해 우주가 몇 배 커졌는지에 대한 상대적 비율만 나타낸다. 예를 들어 30억 년 전의 *R*보다 지금의 *R*이 10배나 크다면, 은하들 사이의 평균 거리는 30억 년 전보다 10배 멀어졌다는 뜻이고 우주가 10배나 팽창해 커졌다는 의미다.

이렇게 *R*은 어떤 기준점 대비 우주의 상대적 크기 비율이나 확대 배율이다. 하지만 우주 팽창의 관점에서는 *R*을 그냥 우주의 크기를 상징한다고 봐도 되고 우주론 학자들도 흔히 그렇게 표현한다. 다만 *R*이 우주의 반지름이나 문자 그대로 우주의 크기가 아니란 것만은 기억하자. *R*을 우주 공간의 곡률 반경으로 이해할 수도 있지만 공간이 편평한 경우는 해당되지 않는다.

우주 팽창에 대해 또 오해하지 말아야 할 부분은 변하지 않는 공간의 한 점으로부터 모든 물질이 폭발해 폭탄 파편처럼 날아가는 것이 아니라 물질들은 가만히 있고 주변의 공간 자체가 부풀어 올라 은하 간의 거리를 사실상 크게 한다는 점이다. 우주 팽창을 부풀어 오르는 식빵에 박힌 건포도들로 비유하기도 한다. 여기서 식빵은 우주 공간이고 건포도들은 은하들이다. 식빵 같다고 해서 우주가 식빵처럼 표면이 있거나 중심이 있다는 뜻은 아니다. 뫼비우스 띠처럼 끝 부분이 말려 있을 수도 있고 구 표면처럼 유한하지만 경계가 없을 수도 있다.

은하들은 자기 주변의 은하들과 중력으로 서로 끌어당기기 때문에 우주 팽창과 무관하게 약간의 고유한 운동을 한다. 예를 들어 우리 은하의 이웃인 안드로메다 은하는 멀어지지 않고 우리 은하 쪽으로 가까워지고 있다. 그러나 멀리 있는 은하들 사이에는 이런 고유 운동 때문에 생기는 상대적인 거리의 변화보다 우주 팽창의 효과가 더 두드러지게 된다.

이해하기 쉽게 우주 공간을 눈금이 그려진 고무 바둑판, 은하를 그 위에서 움직이는 개미라고 하자. 바둑판의 기보를 보면 가로는 아라비아 숫자 1, 2, 3으로 세로는 한자 숫자 一, 二, 三으로 위치를 표시한다. 마찬가지로 고무 바둑판 위 개미의 위치는 가로와 세로의 몇째 줄에 있는지 숫자 두 개의 쌍 (x, y)로 표시할 수 있다. 이 수를 좌표라고 하고 위치를 표현하는 데 필요한 숫자의 개수를 차원이라고 한다. 바둑판처럼 숫자 2개가 필요한 면은 2차원이다. (물론 실제 우주 공간은 바둑판처럼 줄이 그어져 있는 것도 아니고 3차원 공간 (x, y, z) 좌표를 생각해야 한다.)

그러나 이런 좌표가 곧 실제 거리는 아니다. 바둑판에서 좌표 차

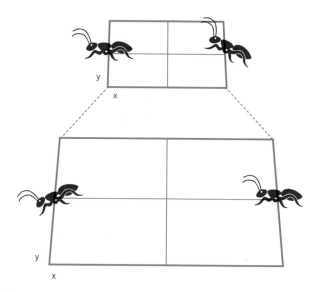

그림 23 고무 바둑판이 늘어나도 좌표는 변하지 않고 단위 거리 R이 커진다. 여기서 고무 바둑판은 우주 공간, 개미는 은하를 비유한 것이다.

이가 3이 난다고 두 점 사이가 꼭 3cm는 아니다. 예를 들어 고무 바둑판의 줄 간의 간격이 $R = 1$cm이고 가로로 놓인 두 개미의 x 좌표의 차이 dx가 3이라면 실제 거리 차이는 $ds = 3$cm가 될 것이다. 이 관계를 수학적으로는 $ds = Rdx = 1\text{cm} \times dx$라고 표현할 수 있다. 하지만 이 고무 바둑판을 잡아당겨 가로를 두 배 늘리면 $R = 2$cm이고 이번에는 실제 거리가 3cm가 아니라 그 두 배인 $ds = 2\text{cm} \times 3 = 6$cm가 될 것이다. 따라서 좌표를 바꾸지 않아도 늘어난 배율 R을 그 좌표 차이에 곱해주기만 하면, 고무판이 변해도 항상 실제 거리를 쉽게 알 수 있어 편리하다. 이런 식으로 $ds = Rdx$로 거리를 표현할 때 R처럼 좌표 차이 앞에 곱해지는 양들을 계량metric이라 하는데, 휘어진 시공간의 모습을 나타내는 수학적 도구다.

계량이란 원래 잰다는 의미이지만 일종의 확대 배율처럼 생각할 수도 있고, 지도에 비유하자면 한 눈금당 실제 거리, 즉 축척과 비슷한 개념이다. 자에 비유하면 눈금 단위가 ㎝일 수도 inch일 수도 있으므로 자에 쓰인 숫자(좌표에 해당)만으로 길이를 알 수 없고 단위를 곱해 줘야 한다. 계량은 그 단위에 해당되며, 우주론에서 말하는 우주의 크기 R은 이런 계량의 일종이다. 여기서 R은 길이 차원을 갖지만 실제 거리는 아니고 dx는 길이 차원을 갖지 않는 단순한 숫자들인데, 이 둘을 곱해서 실제 거리가 나온다.

이런 계량과 좌표는 딱 정해져 있지 않고 마음대로 잡아도 된다. 고무판에 좌표 격자를 마음대로 그어도 되듯이 말이다. 아인슈타인의 일반 상대성 이론의 핵심은 시공간을 고무판처럼 휘어지는 탄성력 있는 물질로 생각하는 것인데, 계량이 바로 시공간의 휜 정도에 대한 정보를 가지고 있다. 가장 단순한 편평한 2차원 공간의 경우는 $ds^2 = R^2(dx^2 + dy^2)$로 쓸 수 있다. 이는 직각삼각형의 긴 변 길이에 대한 유명한 피타고라스 정리를 좌표 차이 앞에 축척 R을 도입해 쓴 것에 불과하다. 그러나 공간이 휘면 더 이상 피타고라스 정리가 성립하지 않고 삼각형의 빗면 길이가 이 식의 것보다 더 길거나 짧게 된다.

우리가 사는 공간이 정말 휘었는지는 공간에서 삼각형을 그려 삼각형 내각의 합이 180도가 되는지 재 보는 방법이 있다. 예를 들어 세 개의 산봉우리에서 레이저를 쏴서 빛의 삼각형의 내각을 재 볼 수 있는데, 현재 우주의 휜 정도는 너무 작아 지구상의 실험으로는 확인하기 어렵다. 이 말은 지표면이 휘었다는 뜻이 아니다. 공간 자체가 휘었다는 말이다. 같은 실험을 텅 빈 우주 공간에서 세 개의 위성 사이에

레이저를 쏴서 확인해 볼 수도 있다.

우주론에서는 공간 좌표 앞에 곱해지는 배율인 계량 R을 특별히 '크기 인자'로 부른다. 우주의 크기를 상징하는 이 R이 시간에 따라 어떻게 변하는지가 우주론의 핵심이다.[•]

우주 팽창을 이해하기 위해 다시 고무 바둑판으로 돌아가 보자. 은하는 보통 가만히 있지 않고 주변 은하들과 서로 끌어당기며 약간씩 움직이므로 은하를 정지한 바둑돌보다는 천천히 움직이고 있는 개미들에 비유하는 것이 더 적절하다. 바둑판이 팽창하지 않을 때는 개미들 사이가 순간적으로 멀어질 수도 가까워질 수도 있다. 그러나 바둑판이 팽창하기 시작하면 원래 아주 가까이 있던 개미들은 원래 움직이던 속도보다 바둑판의 팽창에 의한 효과가 크지 않아 별 차이를 못 느끼지만, 멀리 떨어져 있던 개미들은 그 거리에 정비례해서 상대적 팽창 속도가 꽤 커지므로 애초 걷던 방향과 무관하게 전반적으로 멀리 떨어져 있을수록 더 빨리 멀어지게 된다.

마찬가지로 우주의 은하들은 아주 가까이 있는 은하끼리는 멀어지기도 하고 가까워지기도 한다. 하지만 어느 정도 이상 떨어진 은하들은 고유 운동과 별 상관없이 멀수록 서로에게서 더 빨리 멀어지는데, 이것이 바로 허블 법칙이다. 허블은 지구에서 거리 d인 은하는 거리에 비례하는 속도 v로 지구로부터 멀어진다는 것을 발견했다. 즉

● 물리학 책을 보면 3차원 공간에서 피타고라스 정리는 $ds^2 = R^2(dx^2 + dy^2 + dz^2) = \sum_{ij} g_{ij} dx^i dx^j$ 로 우변처럼 물리학자들은 간단(?)하게 표현하는데, 좀 더 엄밀히 말하자면 여기서 R이 아니라 R^2처럼 미분소(좌표의 차이)의 제곱 앞에 붙는 양을 계량이라 한다. 위 식에서 계량은 $g_{ij} = R^2$이고 미분소 dx^i는 dx, dy, dz를 한번에 부르는 표현이다.

$v = Hd$이란 허블의 공식이 성립하는데, 이때 비례 상수인 허블 계수 H는 우주론에서 가장 기본적인 물리량이고 우주론 학자들이 제일 먼저 찾고 싶어 하는 양이다. 참고로 은하들 사이는 멀어지지만 은하 안의 별들은 그들 사이의 중력이 우주 팽창 효과보다 강하기 때문에 은하 자체가 늘어나지는 않는다. 고무판을 당긴다고 개미 몸이 같이 따라 늘어나지 않는 것과 같은 이치다. 고무판이 당기는 힘보다 개미 몸의 분자들 사이 힘이 더 강하다.

아주 먼 곳은 팽창 속도가 크지만 그건 겉보기 속도일 뿐이다. 공간이 조금씩만 늘어나도 누적 효과 때문에 먼 거리에서는 굉장히 빨리 커지는 것으로 보인다. 작은 영역에서는 팽창 효과가 미미하다. 반대로 아주 먼 거리에서는 은하의 후퇴 속도가 광속을 넘을 수 있다! 하지만 이것이 물질은 빛의 속도를 넘을 수 없다는 상대성 이론의 규칙을 깨는 것은 아니다. 이 규칙은 국소적으로만 지켜진다. 다시 말해 좁은 영역에서는 순간적으로 광속보다 빠를 수 없다. 더구나 우주 팽창의 경우 물체가 움직이는 것이 아니라 공간 자체가 늘어나는 것이다.

우리 우주는 편평하다?

여기서 우주론에 대한 몇 가지 오해를 풀어 보자. 우주는 모든 물질과 에너지뿐 아니라 인간이 느끼는 시간과 공간 '전부'를 의미한다. 따라서 우주의 바깥이나 우주 탄생 이전이란 말은 의미가 없다. (다만 초끈이론super-string theory에서처럼 우리가 인지하는 3차원 공간 외에 여분의 폭이 좁은 차원이 있을 수는 있다.) 우주는 이미 있는 어떤 공간을 배경으로 팽창하는 것이 아니라 공간 자체가 고무판처럼 늘어나는 것이다. 흔히 오해하듯 빅뱅은 은하들이 어떤 폭발 원점에서 폭탄 파편처럼 흩어진 것이 아니고 쭉 늘어나는 우주 공간에 컨베이어 벨트의 물건처럼 수동적으로 실려 다니는 것이다. 따라서 우주의 중심은 없다.

우주의 공간적 끝은 있을까? 이 질문은 현재 과학으론 답변할 수 없다. 우리는 우주의 지평선 너머를 영원히 관측하지 못할 수도 있다. 우주 공간이 공처럼 말려 있을 수도 있고 어느 선을 넘어가면 갑자기 공간이 끝날 수도 있고 공간 자체가 무한대로 있을 수도 있다. 다만 아주 초기 우주에서 우주의 전체적인 구조가 우주 배경 복사에 약간의 흔적을 남겼을 수는 있다.

뉴턴이 태양계를 쉽게 설명하기 위해 천체가 완전한 구라고 가정했듯이 우주를 단순화하기 위해 우주 원리를 도입해 보자. 우주 원리란 우주는 좌우로 걸어가 봐도 똑같고(균질homogeneous), 고개를 돌려서 봐도 똑같다(등방isotropic)는 것이다. 이 가정은 순전히 계산을 쉽게 하기 위해 한 것이다. 물론 지구에서 둘러보면 하늘과 땅이 있고 해가 뜨는 방향이 따로 있듯이 이 원리가 성립하지 않는다. 그러나 은하들 크기 이상으로 넓게 보면 대체로 물질들이 균질하고 등방하게 분포해 있기에 꽤 그럴듯한 가정이 된다.

만약 우주가 균질하고 등방적이라면 우주는 오직 세 가지 모양의 3차원 공간, 즉 세 가지 형태의 계량만을 가질 수 있다. 등방적이기에 직각 좌표 (x, y, z)보다는 극좌표를 사용하는 것이 편리하다. 한 점, 예를 들어 지구에서부터 우주의 어떤 지점까지의 거리 좌표를 r, 구면의 각도 방향 두 성분을 Θ로 간단히 표시한다면 앞의 피타고라스 정리는 다음과 같이 바뀐다.

$$ds^2 = R^2 \left(\frac{dr^2}{1-kr^2} + r^2 d\Theta^2 \right)$$

여기서 dr, $d\Theta$가 앞서의 dx, dy, dz에 해당되고 $k = 0$, 1, -1 세 가지 가능성이 있다.

$k = 0$인 경우 앞서의 편평한 공간의 피타고라스 정리로 환원된다. 우리가 중학교 때 배우는 평면 기하의 성질을 행복하게 만족한다. 삼각형 내각의 합은 180도이고 평행선은 계속 평행하게 간다. $k = 1$인 경우 편평한 경우보다 첫째 항이 더 크다는 것을 알 수 있다. 이 공간에서는 구 표면처럼 삼각형의 내각의 합이 180도보다 큰, 볼록한 우주 공간이 된다. 정확히 말하면 첫 항은 4차원 공간(4차원 시공간이 아님)의 초구hyper sphere(4차원 공간의 한 점에서 거리가 같은 점들의 집합) 표면에서 가까운 어떤 두 점의 거리를 뜻한다. 이 굽은 공간에서 평행선은 멀리가면 만난다. 분모에 k가 있는 항은 구의 곡률을 표현한 것이다.

$k = -1$인 경우 반대로 삼각형을 그리면 내각의 합이 180도보다 작은 말안장 같은 우주 공간이 되는데, 가우스 쌍곡면에 비유할 수 있다. 이 경우는 평행선이 멀리 가면 서로에게서 멀어진다. 평면과 달리 뒤의 두 가지는 이른바 '비유클리드 기하학'이 적용된다. 그림 24의 곡선들을 보면 알 수 있다.

지구에 사는 우리는 우주로 나가지 않는 한 지구의 표면이 휘어져 있는지 아닌지 쉽게 알기 어렵다. 이처럼 우주 공간이 볼록한지 오목한지는 거대한 공간 안에 있는 우리로서는 눈으로 쉽게 확인할 수 없다. 만약 우주 공간으로 나가서 레이저로 평행한 두 광선을 쐈을 때 계속 평행하게 가면 편평한 것이고, 안으로 휘어서 만나면 k = 1에 해당

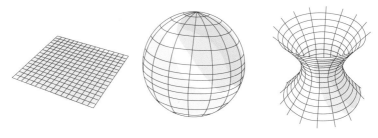

그림 24 왼쪽에서부터 $k=0, 1, -1$인 3차원 공간을 2차원 면에 비유한 그림.

되고 두 광선이 서로 멀어지면 $k = -1$에 해당된다. 물론 우주가 너무 커서 효과가 미미하겠지만 말이다.

우리 우주의 3차원 공간이 이 중 어떤 것이 될지는 우주의 에너지 밀도에 따라 달라진다. 불행하게도 우리가 사는 3차원 공간이 휘어진 것을 대부분 인간은 직관적으로 알 수 없다. 4차원에서 3차원 공을 상상할 수 있는가? 그래서 그림 24처럼 차원을 하나 낮춰 2차원 공간에 비유해 본다. 편평한 3차원 우주는 평면, 닫힌 우주는 공 모양, 열린 우주는 말안장과 유사하다. 그림의 격자는 좌표계를 상징하는데, 마음대로 잡아도 된다. 앞서 나온 고무 바둑판 그림이 $k = 0$인 경우에 대응되는데, 이 경우 말고도 3차원 공간도 고무판처럼 휠 수 있으므로 공이나 말안장 비슷한 3차원 모양으로 만들 수도 있다. 그림의 면들은 각각 우주 3차원 공간 '전체'를 상징하기 때문에 흔히 오해하듯 공의 반지름 방향이나 면의 위아래쪽으로 다른 공간이 추가로 있다는 뜻은 아니다. 예를 들어, 풍선 표면이 우리 3차원 공간이라면 풍선이 커져서 그 위에 있는 개미들 사이가 멀어져도 이 중 특별히 중심에 있는 개미는 없다. 여기서 풍선 안쪽에 구의 중심이 있지 않느냐고 묻는 사람들이 많은데, 다시 강조하지만 그냥 풍선 표면(즉 공간 3차원)이 전부고 우리 우주에는 풍선 안쪽이나 바깥 같은 네 번째 공간은 없다는 것이 우주론 연구자들의 기본 입장이다. 우리 우주가 어느 고차원 공간에서 휘어져 있는 것이 아니다. 물론 초끈 이론 등에 나오는 고차원 공간은 비유하자면 면의 위아래 방향으로 얇은 고차원 공간이 더 있다는 얘기지만 말이다.

이 그림은 공간의 각 지점에서(즉 국소적으로) 작은 영역의 굽은 정도가 성질상 비슷하다는 것이지 우주가 전체적으로 꼭 저런 모양으로 연결돼 있다는 뜻은 아니다. 예를 들어 그냥 편평해 보이는 2차원 평면도 양끝을 말아 붙이면 실린더 모양이 될 수 있는데, 그 실린더 면에 사는 사람은 한 바퀴 돌기 전에는 평면과의 차이를 알기 어렵다. 이처럼 아인슈타인 방정식은 항상 국소적으로만 성립하는 미분방정식이므로 우주 전체의 위상기하학적 연결 상태는 아인슈타인 방정식만으로 알기는 어렵다.

약간 수학적으로 말하자면 만약 우리 우주 공간이 완전히 연결된 둥근 모양일 때 3차원 공간은 초구 S^3이 될 수 있다. 3차원에 익숙한 우리는 초구를 상상하긴 힘들다. 초구는 4차원 공간(시공간이 아니라 공간축만 4개 있는 공간)에서 한 점(중심점)에서 거리가 같은 점들의 집합을 말한다. 4차원 공간에서 초구의 구면이 우리 3차원 공간이 되는 것이다. 여기서 중심점은 우리 우주 공간의 일부가 아니고 수학적인 가정이다. 그림 24에서 나오는 구면은 가상적 3차원 공간의 한 점에서 거리가 같은 점들, 즉 S^2이고 S^3을 이해하기 쉽게 비유로 도입한 것이다. 구면이 유한하다고 구 표면에 어떤 중심이 있는 것이 아니듯 S^3, 즉 4차원 공의 표면인 휘어진 3차원 공간에서 공간의 크기가 유한하다고 중심이 꼭 그 구면에 속해 있는 것은 아니다. 달리 말해 설사 우리 우주가 유한하고 여기저기 은하들이 골고루 있다고 해서 은하 모임 중앙에 어떤 중심점이 있는 것은 아니다. 모든 은하들은 공 표면에 있는 개미들과 같은 입장이다. (뒤에서 설명할) 칼루자-클라인 이론Kaluza-Klein Theory이나 초끈 이론 같은 고차원 이론을 생각하지 않는 한 우리 우주 공간은 휘었든 아니든 3차원밖에 없고, 그 밖을 알 수 없다는 것이 우주론의 기본적인 가정이다.

우주가 시간에 따라 어떤 팽창을 할지는 물질의 밀도, 따라서 자동적으로 3차원 공간의 모양과 관련이 있다. 잠깐 암흑 에너지가 없다고 가정해 보자. 만약 물질이 많아 밀도가 특정 값 이상으로 높다면 팽창하는 운동에너지보다 중력의 인력에너지가 커서 $k = 1$이 되고 우주는 감속 팽창 후 재수축하게 되는데, 이를 닫힌 우주라 한다. 즉 R이 점점 커지다 다시 작아진다는 얘기다. 공간이 공처럼 닫혀 있다는 뜻이 아니라 시간의 함수로 그래프를 그리면 우주의 크기가 다시 0으로 간다는 뜻이다. 이 경우 우주는 유한한 수명을 가진다. $k = -1$이면 역시 감속 팽창하지만 팽창하는 운동에너지가 중력에너지보다 너무 커서, 즉 팽창의 관성이 너무 커서 계속 팽창하게 된다. 즉 R이 끝없이 커진다는 얘기다. $k = 0$인 경우는 이 두 경우의 정확한 경계인데, 우주의 초기 팽창 속도는 매우 정밀하게 맞춰진 초기 조건이 있어야 가능하며 이를 편평한 우주라 부른다.

우리 우주의 공간은 관측 결과 매우 편평해 보이는데($k = 0$), 왜 그러한지는 큰 미스터리였다. 우주 공간이 거의 편평하려면 초기 우주에서 굉장한 정밀도로 초기 밀도가 인위적으로 맞춰져야 하기 때문이다. 편평한 우주는 땅에서 쏜 총알이 하늘에 떠 있는 우주 정거장에

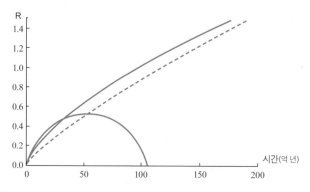

그림 25 위로부터 편평한 우주, 열린 우주(점선), 닫힌 우주의 상대적 크기 변화. 닫힌 우주는 수명이 유한하다. 암흑 에너지가 없이 모두 감속 팽창하는 경우다.

정확하게 최종 속도 0으로 살짝 닿는 것과 비슷하다.

　이런 팽창을 수학적으로 이해하려면 부록 1과 2에 나오는 프리드만 방정식Friedmann equation을 풀어야 한다. 우주론 학자들의 1차적 관심사는 우주의 여러 물질의 비율을 가정하고 프리드만 방정식을 풀어 시간의 함수로 우주의 크기 $R(t)$를 구해 관측 결과와 비교해 보는 것이다(자세한 내용은 부록을 참조하라). 현재 우주의 에너지 밀도가 정확히 임계 밀도 $\rho_c \simeq 10^{-29} \text{g/cm}^3$, 즉 세제곱미터당 수소 원자 5개가 있는 정도의 질량 밀도면 편평한 우주가 되고 이보다 작으면 열린 우주, 크면 닫힌 우주가 된다. 이 그림에서 암흑 에너지는 고려되지 않았다. 우리 우주가 이 중 어떤 팽창을 하는지 밝혀내는 것이 20세기 우주론의 주요 과제였다. 지금까지 한 모든 연구의 결론은 우리 우주는 거의 편평한 우주라는 것이다. 기적 같은 일이 일어난 것이다.

중력 렌즈 현상은 암흑 물질의 증거

일반 상대성 이론에서는 뉴턴의 중력처럼 어떤 힘을 가정하지 않는다. 예를 들어, 고무판에 볼링공을 놓으면 고무판이 휘는데, 이때 당구공을 옆으로 굴리면 다른 힘이 없어도 당구공이 휘어진 고무판의 영향으로 옆으로 휘어서 굴러가는 것과 비슷하다. 무거운 물체의 에너지 때문에 계량이 달라지면 시공간이 달라지고 (ds로 주어지는) 실제 거리가 달라지므로 그 공간을 지나가는 작은 물체가 최단 거리로 가는 경로는 직선이 아니라 휜 곡선이 된다. 시공간 자체가 휘므로 무거운 물질뿐 아니라 질량이 없는 빛 또한 휘어져야 한다. 이것이 중력 렌즈 gravitational lens 현상의 원인이다. (여기서 다시 한 번 강조하고 싶은 점은 우주 팽창을 풍선에 비유하고 블랙홀을 휘어진 고무판에 비유하는 교양 과학서의 설명은 말 그대로 비유일 뿐이며 언제나 불완전하다는 점이다. 비유로부터 대략적인 아이디어만 얻어야지 비유를 정확한 원리라고 오해한다면 달을 봐야 하는데 손가락만 보는 우를 범하게 된다).

일반 상대성 이론이 예측하는 중력 렌즈는 휘어진 시공간이 마치 유리처럼 빛을 굴절시키기 때문에 일어난다. 이는 와인잔 아랫부분으로 전구를 보는 것과 유사하다. 집에서 한번 시험해 보자. 와인잔으로 동그란 전구를 쳐다보면 상대적인 각도나 거리에 따라 다양한 형태가 나타난다. 전구가 외각에 있으면 전구가 약간 찌그러져 보이고 위치가 약간 옮겨져 보인다. 전구가 좀 더 중심부로 가면 바나나처럼 길게 늘어져 보이고 더 들어가면 반대쪽에도 동시에 나타난다. 정중앙에 오면 전구가 링 모양으로 보이거나 갑자기 밝아 보인다.

똑같은 현상이 천체에도 나타난다. 지구와 어떤 먼 천체 사이에

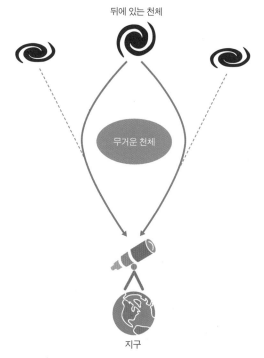

뒤에 있는 천체

무거운 천체

지구

그림 26 중력 렌즈 현상. 지구에서 보면 무거운 천체 뒤의 천체에서 오는 빛의 경로가 휘어서 뒤에 있는 천체의 겉보기 위치가 달라 보이고 모양이 변형된다.

은하나 은하단같이 무거운 천체가 있으면 뒤에 있는 천체에서 온 빛이 무거운 천체의 중력 때문에 경로가 휘어서 지구에서 보면 위치가 변경 돼 있거나 약간 찌그러져 보인다(약한 중력 렌즈 현상). 무거운 천체의 크 기가 작은 경우는 뒤에 있는 천체가 여러 개로 보이거나 링처럼 보이 기도 한다(강한 중력 렌즈 현상). 한편 렌즈 현상을 일으키는 물체가 작고 가벼우면 뒤에 있는 천체가 갑자기 밝아지기도 하는데, 이를 '마이크 로 렌즈'라 한다. 약한 중력 렌즈 현상은 은하단의 암흑 물질 분포를

그림 27　웃는 은하? 허블 망원경이 촬영한 은하단 SDSS J1038+4849의 강한 중력 렌즈 현상.

알아내는 데 중요하고 마이크로 중력 렌즈는 작고 어두운 천체를 찾는 데 유용하다.

　그림 27은 최근 공개된 허블 망원경으로 찍은 은하단 SDSS J1038+4849의 강한 중력 렌즈 현상이다. 이 은하단 뒤에 있는 먼 은하가 지구에서 보기에 정반대쪽에 있어서 앞에 있는 은하단의 중력에 의해 빛의 경로가 휘어져 고리 모양으로 길게 찌그러져 보이는 아인슈타인 고리Einstein ring●를 만들었다. 두 눈처럼 보이는 것은 멀리 있는 두 개의 다른 은하다. 강한 중력 렌즈의 경우 하나의 천체로부터 여러 복제된 상이 나타나기도 하는데, 각 상의 빛이 지구에 도달하는 시간 차이가 날 수 있다. 빛이 오는 경로 차이 때문인데, 이 정보를 이용하면

중력 렌즈 현상과 아인슈타인

상대성 이론에 따르면 시간과 공간은 서로 변환되는 것이므로 3차원 길이보다 '4차원 길이'를 생각해야 하는데, 더 정확하게는 시간 t를 포함한 다음 식이 돼야 한다.

$$ds^2 = -dt^2 + R^2(t) \left(\frac{dr^2}{1-kr^2} + r^2 d\Theta^2 \right)$$

위 식에서는 크기 인자가 시간의 함수임을 명시했다. 이 계량을 '로버트슨-워커 계량Robertson-Walker metric'이라 하고 가장 일반적인 균질 등방인 우주를 표현한다고 보면 된다. 어렵게 보이지만 피타고라스 정리를 일반화한 것이다. 왜 시간 항 앞에 마이너스 부호가 붙어야 하는지는 아직 아무도 모른다.● $R(t)$를 시간의 함수의 그래프로 그려 보면 우주가 어떤 식으로 팽창하는지 쉽게 알 수 있다. 간단히 말하면 위 식에서 괄호 안의 식들이 우주의 공간적 모양을 알려 주고 앞의 $R(t)$가 그 공간 모양을 유지한 채 시간에 따라 크기가 확대되는 정도를 알려 주는 것이다. 크기 인자가 어떻게 시간에 따라 달라지는지 알려면 위 계량을 이용해 아인슈타인 텐서 $G_{\mu\nu}$란 양을 구하고 그것을 아인슈타인 방정식에 넣은 후 다음의 아인슈타인 중력 방정식을 풀어야 한다.

$$G_{\mu\nu} = 8\pi G T_{\mu\nu}$$

이 식에서 우변의 $T_{\mu\nu}$은 대략 물질의 에너지를, $G_{\mu\nu}$는 그 에너지로 인한 시공간의 휘어짐을 나타낸다. 이 방정식은 물질의 에너지가 주변 시공간을, 즉 계량을 어떻게 휘게 하는지에 대한 방정식이다. 무거운 물체가 이 공식에 따라 주변의 시공간을 휘게 하면 다른 물체가 이 휘어진 시공간을 최단 거리로 지나가므로(즉 자유 낙하해서) 경로가 휘는 것처럼 보이는 것이 바로 중력의 정체다. 이것이 아인슈타인의 기발한 아이디어였다.

● 물리학자들은 이 식의 좌표 변화량 앞의 계수들, 즉 $(-1, R^2(t)/1-kr^2, R^2(t)r^2)$을 계량이라고도 하기도 하고 이 식 자체를 계량이라고 부르기도 한다.

그림 28　허블 망원경이 찍은 아벨 1689 은하단의 약한 중력 렌즈 현상. 둘레의 은하들이 중심을 향해 작은 바나나처럼 휘어져 보인다.

암흑 에너지에 대한 정보를 얻을 수도 있다.

　　1919년 영국의 천문학자 아서 에딩턴Arthur Eddington(1882~1944)이 개기 일식 중 태양 근처의 별이 원래 위치에서 옮겨져 있는, 즉 중력 렌즈 현상을 처음 관찰했다. 이 관측은 일반 상대성 이론이 옳다는 증거였고, 이 뉴스가 전해지자 아인슈타인은 하루아침에 세계적인 스타가 되었다. 영화 〈인터스텔라Interstellar〉에서 거대 블랙홀 가르강튀아가 빛

●　강한 중력 렌즈 현상에 의하여 무거운 천체 뒤에 있는 먼 천체의 빛이 마치 고리처럼 앞 천체를 둘러 싼 듯한 모양.

의 모자를 쓴 것처럼 보이는 이유도 블랙홀을 토성 고리처럼 둘러싼 강착 원반의 뒤쪽이 강한 중력 렌즈 효과로 인해 위쪽으로 휘어져 보이기 때문이다.

그림 28을 자세히 보면 은하단 주변의 작은 은하들이 바나나처럼 길게 늘어져 있다. 이는 은하단 뒤쪽의 은하에서 나온 빛이 은하단의 암흑 물질의 중력에 의해 휘어져 약한 중력 렌즈 현상을 보이는 것이다. 마치 놀이 공원에 있는 마술의 집에서 볼 수 있는 볼록 거울에 비친 모습 같다. 회색 구름은 중력 렌즈 현상으로부터 역으로 추정해 암흑 물질 분포를 컴퓨터로 그려 중첩시킨 것이다. 물론 암흑 물질은 사진처럼 눈에 보이진 않는다. 은하단의 중심부에는 이처럼 많은 암흑 물질이 자리 잡고 있다. 일반 물질도 물론 중력 렌즈 현상을 일으키지만, 눈에 보이는 양은 관측된 렌즈 현상을 일으킬 만큼 충분하지 않다. 중력 렌즈의 이미지 왜곡 효과는 총 질량에 비례하므로 이를 충분히 설명하기 위해선 암흑 물질이 많이 존재해야 한다.

암흑 물질 고리

암흑 물질의 강력한 증거 중 하나는 은하단의 암흑 물질 고리ring다. 이 중요한 발견을 한국인 과학자가 주도했다. 2007년 미국 존스 홉킨스 대학교의 지명국 박사가 이끄는 연구팀은 허블 우주 망원경의 고성능 ACS 카메라를 이용해 지구로부터 50억 광년 정도 떨어진 Cl 0024+17 은하단(물고기자리에 있는 대형 은하단)의 거미줄처럼 복잡한 중력 렌즈 효과를 관측해 암흑 물질의 고리를 찾았다고 발표했다. 이 은

그림 29   Cl 0024+17 은하단의 암흑 물질 고리. 암흑 물질 분포를 컴퓨터로 합성한 그림이다.

하단은 두 개의 작은 은하단이 충돌한 결과로 보이는데, 충돌 과정 중에 암흑 물질과 가스와 별은 따로따로 움직였다. 별이 없는 암흑 물질만의 고리를 발견한 것이다.

　암흑 물질은 별처럼 서로 부딪치지 않는다고 가정하므로 은하단 충돌 시 암흑 물질의 분포는 대개 별의 분포와 일치한다. 그래서 암흑 물질을 인정하지 않는 일부 학자들은 은하단의 중력 렌즈 현상은 암흑 물질 때문이 아니라 단순히 별 같은 일반 물질의 변형된 중력 효과라고 반론을 제기해 왔다. 따라서 Cl 0024+17 은하단처럼 일반 물질과 동떨어져 있는 중력 렌즈 효과는 암흑 물질의 존재를 입증하는 강력한 증거라고 할 수 있다. 고리 모양 지역에 관측되지 않은 무거운 물

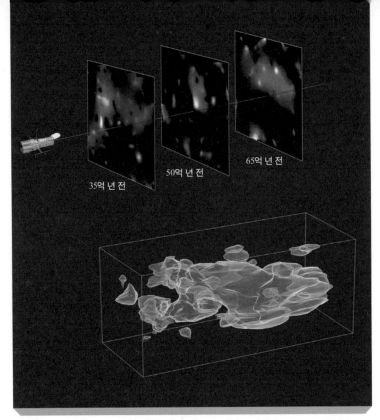

그림 30 (위) 허블 망원경이 중력 렌즈 현상을 이용해 파악한 암흑 물질의 65억 년, 50억 년, 35억 년 전의 분포. 하늘에서 일정한 각도의 영역이므로 오른쪽으로 갈수록 실제로는 더 넓은 영역이다. (아래) 위 방식으로 누적해 구한 암흑 물질의 3차원 분포도.

질들이 있어야 중력 렌즈가 설명되는 것이다. 이러한 점에서 암흑 물질 고리의 발견은 매우 중요하다.

그림 30은 허블 망원경이 중력 렌즈 현상을 관측해 추정한 우주의 암흑 물질 3차원 분포도다. 하늘에서 너비가 달의 직경 9배쯤 되는 넓은 영역이고 거리로는 수십억 광년에 이르는 아주 큰 범위다. 이 자료는 우주 진화 탐색(Cosmic Evolution Survey: COSMOS) 프로젝트에서 나온 것인데, 거미줄 같고 필라멘트 같은 암흑 물질의 모습을 보여 준다.

이 그림은 각각 65억 광년, 50억 광년, 35억 광년 거리의 암흑 물질 분포를 보여 주는데, 즉 지층의 단면처럼 시간상 65억 년, 50억 년, 35억 년 전의 분포를 대표한다고도 볼 수 있다. 그림을 보면 현재에 가까울수록 암흑 물질이 더 좁게 뭉친다는 것을 알 수 있는데, 기존의 우주 구조 진화 이론과 일치한다. 암흑 물질은 일반 물질로 된 은하들보다 훨씬 넓게 분포한다는 것을 알 수 있다. 뭉쳐진 암흑 물질의 중력 덕에 일반 물질이 모여서 은하나 별들이 생길 수 있다. 이 암흑 물질과 눈에 보이는 은하들의 분포를 보면 은하들이 암흑 물질들의 품속에 있다는 것을 알 수 있다. 이는 우주 구조 진화 이론을 뒷받침해 준다. 결론적으로 중력 렌즈 현상은 암흑 물질의 강력한 증거다.

만물의 근원은 소립자

우주 만물이 무엇으로 되어 있는가? 이 질문에 대한 물리학자들의 일차적인 답은 표준 모형standard model이다. 우주론의 놀라운 성과 중 하나는 거대한 우주의 진화가 극미의 세계에 나타나는 근본 입자들의 성질과 관련 있다는 발견이다. 그래서 우주론을 제대로 이해하려면 물질을 이루는 가장 기본적인 입자를 연구하는 분야인 입자물리학과 입자물리학의 표준 모형이라는 모델을 알아야 한다. 표준 모형은 양성자 같은 핵자나 원자가 아니라 빛 같은 게이지 입자와 쿼크, 렙톤, 힉스 입자 같은 소립자가 만물의 근원이라고 본다. 우주론에서는 빅뱅 우주론도 표준 모형이라 부르는데 둘을 혼동하지 말길 바란다.

자연에는 전자기력, 중력, 강력, 약력이라는 네 가지 힘이 존재한다. 물리학자들의 궁극적 꿈은 이 네 가지 힘을 한 가지 원리로 설명하는 '모든 것의 이론theory of everything'을 찾는 것이다. 전기력은 정전기 현상이나 일상적으로 쓰는 전자제품 등에서 쉽게 확인할 수 있고, 자기력은 자석이나 모터 등에서 작동하는 힘이다. 서로 다른 것으로 보였던 이 두 힘은 영국의 물리학자 마이클 패러데이Michael Faraday(1791~1867)와 제임스 클러크 맥스웰James Clerk Maxwell(1831~1879)에 의해 한 가지 힘, 즉 전자기력이란 것이 밝혀졌다. 전자기력은 빛, 즉 광자photon에 의해 전달되는데, 이런 입자를 '게이지 보존gauge boson'이라고 한다. 한편 약력weak force은 중성자가 양성자로 바뀌는 과정과 관련된 힘으로 핵분열의 원인이 된다. 이 힘에서는 광자 대신에 광자의 사촌인 W, Z 입자라는 무거운 게이지 보존 입자가 전달되는데, 먼 거리에서는 그 힘이 매우 약하기 때문에 이런 이름이 붙었다. 1960년대 미국의 물리학자 셸던 글래쇼Sheldon Glashaw(1932~), 파키스탄의 물리학자 압두스 살람Abdus Salam(1926~1996), 미국의 물리학자 스티븐 와인버그Steven Weinberg(1933~) 등은 약력이 전자기력과 합쳐져 '약전력electroweak force'이라는 하나의 힘이 되는 것을 밝혔다.[*] 또 원자핵 안에 있는 양의 전기를 가진 양성자나 전기가 없는 중성자 사이에 서로를 붙잡아 두는 전기력보다 더 센 힘이 있는데, 이를 강력strong force이라 한다. 글루온gluon이란 게이지 입자가 이 힘을 전달한다. 전자기력을 가진 입자는 전자기 상호작용을 하고 약력weak force을 가진 입자는 약한 상호작용을 한다.

● 1979년 이 연구 업적으로 이들은 공동으로 노벨물리학상을 받았다.

그림 31 표준 모형의 입자 구성. 힘을 전달하는 보존인 게이지 입자와 그 힘이 작용하는 페르미온 입자들이 주머니로 묶여 있다. 입자마다 질량, 전하, 스핀 순으로 적혀 있다.

입자를 다른 방식으로 분류할 수도 있다. 일반 물질이든 암흑 물질이든 우주의 모든 물질은 크게 스핀이 0, 1, 2처럼 정수배인 보존 boson과 1/2, 3/2처럼 반정수인 페르미온Fermion으로 나눌 수 있다. 스핀spin은 자전하는 물체의 각운동량angular momentum과 비슷하지만 고전 역학에는 없는 입자의 양자 역학적 성질이다. 스핀이 1인 광자 같은 입자는 한 바퀴를 돌리면 파동 함수가 원래대로 돌아온다. 하지만 스핀이 1/2인 전자는 한 바퀴를 돌리면 파동 함수에 마이너스 부호가 붙고 두 바퀴를 돌려야 파동 함수가 원래대로 돌아온다.

보존은 서로 모이길 좋아하는데, 광자(빛)처럼 물질 사이에 힘을 전달해 주는 매개체 역할을 하는 경우가 많다. 레이저도 광자가 한 상태에 모이는 성질을 이용한 것이다. 반면 페르미온은 쿼크처럼 기본 물질을 구성하는 경우가 많으며 보존과 반대로 서로 같은 상태에 있지 않으려는 성질이 있다. 쿼크나 전자들은 이런 보존의 일종인 게이지 입자들을 농구공처럼 주고받으며 힘을 주고받는다는 것이 입자물리학의 핵심 아이디어다. 즉 우주 삼라만상의 대부분 현상은 기본적으로 게이지 입자들과 페르미온들의 상호작용(충돌)으로 이해될 수 있다.

한편 페르미온들은 크게 무거운 쿼크와 가벼운 렙톤으로 더 나눌 수 있다. 쿼크는 중성자와 양성자를 만드는 존재로 원자핵의 주요 부분을 이룬다고 볼 수 있다. 쿼크들은 (업up, 다운down), (참charm, 스트레인지strange) 등으로 짝을 이루는데, 이름에 특별한 의미는 없다. 업쿼크는 'u'라고 보통 쓴다. 중성자와 양성자는 각각 쿼크 세 개가 모여서 만들어지는데, 그리스어로 무겁다는 뜻을 가진 바리온Baryon으로 불린다. (양성자는 u, u, d 세 쿼크가 글루온을 주고받으며 만들어진다.) 하지만 우주론에서는 보통 일반 물질을 아울러 바리온 물질이라 한다. 앞으로 바리온 물질이라고 하면 암흑 물질이나 암흑 에너지가 아닌 일반 물질의 별명으로 이해하자. (화학자들이 들으면 기겁할 일이지만 천문학에서 헬륨보다 무거운 원자를 전부 금속metal이라고 부르는 것에 비하면 이 정도는 애교다.)

렙톤은 전자와 그의 무거운 형제인 뮤온muon과 타우tau 입자 그리고 전기적으로 중성이고 매우 가벼운 전자의 사촌격인 중성미자를 말한다. 여기에 다른 입자들과 상호작용해서 질량을 만들어 주는 힉스 보존Higgs boson 입자까지 추가하면 표준 모형의 입자들이 모두 구성된다. 힉스 보존은 그동안 이론적으로만 존재 가능성이 제기되다가 2012년 거대 강입자 가속기(Large Hadron Collider: LHC)에서 발견되었고 지금은 표준 모형의 모든 입자가 검출된 상태다. 이 입자들은 가속기나 우주에만 있는 것이 아니라 바로 우리 몸을 만들고 있는 입자들이다!

그림 31을 보면 힘을 전달하는 게이지 입자와 그 대상 입자가 묶여 있다. 예를 들어 글루온은 쿼크에만 작용하고 광자photon는 쿼크와 렙톤 중 전자 계열만 작용하고 중성미자에는 작용하지 않는다. 그래서 표준 모형 입자 중에서 중성미자만 암흑 물질의 후보로 거론된다.

깨져 버린 대칭성

힉스 보존은 스핀이 0인 스칼라 입자의 일종이다. 참고로 광자는 1의 스핀을 가지는데, 편광처럼 방향성이 있다는 뜻이다. 이와 달리 어떤 방향성이 없는 것이 스칼라 입자의 특징이다. 힉스 입자는 '자발적 대칭성 붕괴Spontaneous symmetry breaking'라는 것을 일으킨다. 대칭성 붕괴란 온도가 낮은, 즉 에너지 상태가 낮은 상태에서 원래 가지고 있던 대칭성이 깨져 버리는 현상을 말한다.

예를 들어 액체 상태의 물은 분자들이 특정한 방향성 없이 회전 대칭성만 있지만 물이 얼어 결정이 되면 특정한 방향으로 물 분자들이 나란히 줄을 서기 때문에 회전 대칭성이 깨져 버린다. 마찬가지로 우주도 온도가 높을 때는 힉스 입자들이 제각각 돌아다니지만 우주의 온도가 내려가면 힉스 입자들의 위치에너지가 바뀌어 에너지가 가장 낮은 한 상태로 몰리게 되면서 시스템의 대칭성이 적어지는 상태로 돼 버린다. 그러면 힉스 입자와 상호작용하는 다른 입자들이 가진 대칭성도 덩달아 깨져 버린다. 이런 식으로 원래 하나의 힘이었던 약전력의 대칭성이 깨지면서 대칭성이 적은 약력과 전자기력으로 저절로

소립자의 에너지 단위 eV

물리학자들은 에너지 단위로 eV(전자볼트)를 사용하기를 좋아한다. 1eV는 1볼트 건전지의 양극과 음극 사이에 전자나 양성자 하나가 이동하면 얻는 에너지. 이 에너지는 적외선 광자 하나의 에너지와 비슷하고 원자에서 전자를 하나 떼어 내기 위해 필요한 에너지와 비슷하다. (그래서 화학 전지의 전압이 대략 1볼트 정도다.) 또 질량과 에너지 등가성, 즉 $E = mc^2$을 이용해 입자의 질량도 주로 이 단위로 표시한다. 광속의 제곱 표시를 생략하면 1eV는 약 1.7×10^{-33}g의 질량에 해당되고 전자의 질량은 약 510keV며 양성자 질량은 938MeV로 거의 1GeV(10억 전자볼트)다. 여기서 k, M, G는 물론 각각 1000, 100만, 10억의 약식 표현이다.

양성자는 수소의 원자핵이고 전자의 질량이 상대적으로 작으므로 수소나 양성자 질량은 대략 1GeV라 보면 된다. 이 책에서 어떤 입자의 질량이 100GeV라고 하면 수소 원자 100개 정도 질량이라고 짐작하면 된다. 우주론에서는 온도도 열에너지와 관련 있으므로 eV로 표기하는데, 1eV는 약 1만K에 해당하는 에너지다. 태양 표면 온도가 약 6000K이므로 대략 비슷하다. 그래서 초기 우주에서 입자들의 평균 열에너지가 1GeV라고 하면 10억에 1만을 곱해서 온도는 10조K 정도다.

갈라졌다는 것이 힉스 메커니즘이다. 약력과 전자기력이 구분되지 않았던 약전력의 상태가 더 높은 대칭성을 가졌다고 보는 것이다.

물리학자들은 태초의 뜨거운 우주는 높은 대칭성을 가지고 있었는데, 우주가 차가워지면서 대칭성이 줄어들어 각각의 힘들로 분리되었다고 본다. 태초의 높은 에너지, 높은 온도 이론은 모두 아름다운 대칭성을 가지고 있었지만 실제는 모든 대칭성이 깨져 있다. 이를 우아하게 설명하기 위해 '대칭성 붕괴'라는 개념을 도입한 것이다.

표준 모형에 따르면 빅뱅 직후 우주에는 쿼크 6종, 렙톤 6종, 게이지 입자 4종과 힉스 입자 등 총 17종의 입자가 있었다. 여기에 아직 발견되지 않았지만 중력을 전달해 주는 중력자도 생각해 볼 수 있다. 물리학자들의 궁극적 목표는 이들 입자와 힘들을 모두 하나의 원리로 설명하는 것이다. 쿼크와 렙톤들은 3개의 비슷한 그룹으로 반복되는데, 이것은 화학의 주기율표를 연상시키고 이 입자들이 근본 입자가 아니라고 암시한다. 아직 아무도 그 기원을 모른다. 초끈 이론에서는 끈이 진동하는 모드가 이런 입자들의 다양성을 준다고 본다.

그림에서 보듯 글루온은 쿼크들하고만 상호작용하고 W, Z 입자는 모든 쿼크와 렙톤과 상호작용한다. 광자는 전기를 가진 입자와만 상호작용하고 중성미자와는 작용하지 않는다. 따라서 표준 모형에서 중성미자만이 암흑 물질의 후보가 될 수 있지만 질량은 없다. 이상이 표준 모형 관점에서의 물리학자들의 물질관이다.

파인만 다이어그램

1965년 양자 전기 역학에 기여한 공로로 노벨물리학상을 수상한 리처드 파인만의 또다른 업적은 파인만 다이어그램이다. 이는 입자 운동을 나타내는 복잡한 수학 방정식이나 물리 현상을 간단한 다이어그램으로 나타내는 것이다. 입자물리학자들은 반응을 이런 그림으로 나타내길 좋아하는데, 그림 한 장으로 여러 가지를 알 수 있기 때문이다.

그림 32의 파인만 다이어그램은 중성자가 더 가벼운 양성자로 바

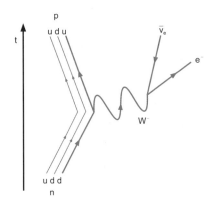

그림 32 파이만 다이어그램. 중성자 (n)이 양성자 (p)로 바뀌며 전자와 반중성미자가 나오는 베타 붕괴를 보여 준다.

꾸며 전자와 반중성미자를 배출하는 베타 붕괴를 보여 준다. 중성자는 업쿼크(u) 하나와 다운쿼크(d) 두 개로 이뤄져 있고 양성자는 업쿼크 두 개와 다운쿼크 하나로 돼 있다. 중성자의 다운쿼크 하나가 업쿼크로 바뀌는 과정에 W 게이지 보존이 작용한다. W 보존은 무거워서 멀리 못 가고 전자와 반중성미자로 변환된다. 이것이 약력이 약한 이유다. (반면 전자기력을 전달하는 광자는 질량이 없어서 전자기력은 멀리까지 갈 수 있고 강하다.) 이때 나오는 중성미자는 전하가 없어서 암흑 물질 후보가 될 수 있다. 쿼크와 렙톤들은 화살표 있는 선으로 페르미온임을 나타내고, W 보존은 힘을 전달하는 게이지 입자란 뜻으로 광자처럼 파동 모양으로 그려졌다.

이런 입자를 연구하는 데 사용되는 물리학적 수단을 양자장론 quantum field theory이라고 한다. 만물을 전기장처럼 어떤 공간에 퍼져 있는 파동, 즉 장field으로 본다. 그 장들 가운데 어떤 부분들이 양자화

quantize되어 띄엄띄엄한 덩어리처럼 행동하면 한 개나 두 개처럼 숫자로 나타낼 수 있고 이것이 바로 우리가 아는 입자다. 양자란 말 자체가 숫자화됐다는 뜻이다. 양자장론에서는 장이 고무판처럼 진동한다고 보는데, 무한개의 진자나 스프링이 그 고무판의 모든 곳에 퍼져 있다고 생각한다.

양자장론을 이용해 약전력과 강력을 합치려는 시도가 있었는데, 이를 대통일 이론이라 한다. 그동안 여러 가지 모델이 제시되었지만 아직 완벽한 성공은 거두지 못하고 있다. 여기에 중력까지 합치려는 더 야심찬 시도가 바로 '모든 것의 이론'이다. 쿼크나 렙톤 같은 기본 입자들이 점이 아니라 크기가 있는 끈 모양이라고 주장하는 초끈 이론도 '모든 것의 이론'을 지향한다.

중력을 다른 힘과 합치기 어려운 것은 중력을 양자 역학으로 기술하면 계산된 물리량이 무한대가 나오기 때문이다. 다른 게이지 이론은 '재규격화'라는 일종의 수학적 꼼수로 그 무한대를 없앨 수 있지만, 중력은 중력을 전달해 주는 중력자끼리의 상호작용이 심하기 때문에 재규격화가 불가능하다. 반면 초끈 이론은 이 무한대를 없앨 수 있어 각광받고 있는데, 이론상 우리 우주를 딱 골라 주지 못하고(10^{500}개의 다양한 우주가 가능) 실험적 근거가 거의 없다는 문제가 있다. 하지만 표준 모형으로는 암흑 물질이나 암흑 에너지가 설명이 되지 않는다(뒤에서 다룬다). 또 관측된 중성미자의 질량을 설명하지 못한다. 따라서 우주론을 위해서라도 표준 모형을 확장하여 대통일 이론이나 초끈 이론을 연구해야 한다.

우리는 이제 암흑 물질이 있다는 것을 알게 되었다. 하지만 아직도 그 정체는 오리무중이다. 과연 어떤 물질이 암흑 물질인가? 암흑 물질이 되려면 갖추어야 할 조건과 그 후보들을 알아본다.

NASA의 물리학자 그레이 프레조Gary Prézeau가 제안한 목성 주변에서 차가운 암흑 물질의 분포 예상도. 암흑 물질의 흐름이 목성의 중력의 영향을 받아 머리카락 모양으로 분포할 수도 있다는 아이디어다.

무엇이
암흑 물질인가

암흑 물질 후보

칼루자 – 클라인 입자

바리온
암흑 물질

암흑 물질이 되려면

수명이 길어야 한다

전자기적으로 상호작용을 하지 않아야 한다

잔여 밀도가 적당해야 한다

천체 현상과 모순이 없어야 한다

간접 실험 결과와 모순되지 않아야 한다

액시온

브레논

윔프

스칼라장 암흑 물질
또는 BEC 암흑 물질

중성미자

어떻게 측정하는가

암흑 물질과 암흑 에너지를 이해하기 위해서는 우선 천문학자들이 멀리 떨어진 별이나 은하 같은 천체의 질량이나 거리 등의 물리량들을 어떻게 측정하는지 알아야 한다. 중성미자 망원경® 같은 극소수를 제외하고는 천체로부터 오는 대부분의 정보들은 전자기파의 형태로 망원경이나 전파 망원경을 통해서 모아지는 것이다. 이 전자기파에는 가시광선, 적외선, X선, 감마선, 전파 등이 있다.

● 중성미자 망원경은 천체 내부에서 핵융합 반응을 일으켜 방출되는 중성미자를 검출해 천체의 특성을 알아낸다. 천체 표면에서 나오는 빛이나 전파를 탐지하는 기존 망원경과 달리 빛이나 다른 전파의 간섭을 피하기 위해 호수나 광산 깊숙한 곳에 설치한다. 지구의 지층을 꿰뚫고 지구 반대편에서 오는 입자를 검출한다.

암흑 물질을 발견한 계기가 된 천체 질량 측정

천체의 물리량 중 가장 쉽게 측정할 수 있는 양은 질량이다. 큰 천체의 질량을 재는 기본 방법은 앞서 살펴봤듯이 그 주변을 도는 작은 천체들의 공전 속도를 재서 케플러 법칙으로 큰 천체의 중력을 유추하는 것이다. 또 다른 방법은 별이나 가스의 양을 일일이 측정해서 총 질량을 유추하는 것이다.

이 두 가지 방법으로 추정한 질량이 큰 차이가 났는데, 이는 암흑 물질을 발견하는 계기가 되었다. 케플러 법칙과 비슷한 방식으로, 성단이나 은하단처럼 작은 천체가 많이 모여 있을 때는 비리얼 정리⁎를 적용해 그 모임의 총 질량을 추측할 수 있다. 블랙홀이나 중성자별이 아니라면 대부분의 천체는 중력이 아주 강하진 않기 때문에 뉴턴의 중력 법칙과 케플러 법칙으로 잘 설명된다. 뒤에서 살펴보겠지만 우주의 팽창을 연구하는 경우는 본질적으로 아인슈타인의 일반 상대성 이론을 적용해야 하나 뉴턴 중력으로도 어느 정도 유추가 가능하다.

빛의 스펙트럼을 이용해 속도를 잰다

모든 파동은 파장이 짧을 때 에너지가 더 커진다. 예를 들어 빛은 파란색이 빨간색보다 에너지가 크고, 소리도 높은 톤이 에너지가 크다. 어떤 천체를 지구에서 볼 때 시선 방향의 속도는 그 천체에서 나온 빛의 도플러 효과로 잴 수 있다. 잘 알려진 대로 도플러 효과는 어떤 파

● 앞서 잠깐 설명했는데, 역학계에서 평균 운동에너지와 평균 위치에너지가 비례한다는 물리적 정리다. 이 정리를 사용하면 천체들 모임의 평균 운동에너지로부터 중력에 의한 위치에너지를 추정할 수 있다.

동을 내는 근원과 관찰자 사이의 상대 속도 때문에 파장이 달라 보이는 현상이다. 어릴 때 프리즘에 햇빛을 통과시켜 빨주노초파남보의 무지개 색을 본 적이 있을 것이다. 이렇게 빛을 색깔별로 분리한 것을 스펙트럼이라 한다. 다가오는 자동차의 경적 소리가 멀어질 때 소리보다 더 높은 톤을 내는 것처럼 지구 쪽으로 다가오는 천체가 내는 빛의 스펙트럼은 파장이 짧아져 전반적으로 파란색으로 바뀌고(청색 이동blue shift), 멀어지는 천체가 내는 빛은 파장이 길어져 빨간색 쪽으로 바뀐다(적색 이동). 이를 통해 어떤 천체의 지구에 대한 상대 속도를 쉽게 계산할 수 있다.

천체의 스펙트럼은 망원경에 분광기를 달아 관측한다. 분광기spectrometer는 말 그대로 빛을 파장별로 분해하는 장치로, 프리즘과 비슷한 역할을 한다. 천문학자들이 쓰는 분광기는 프리즘처럼 삼각형 유리로 만든 것이 아니라 회절 현상diffraction phenomena●을 이용하기 위해 가는 줄을 그어 놓은 정밀한 장비다. 이런 분광기로 물체를 보면 물체의 온도에 따라 흑체 복사라는 고유의 '무지개 색'을 낸다. 흑체란 모든 빛을 흡수한 후 온도에 따라 서로 다른 빛을 내는 가상의 물체다. 이것은 온도가 높으면 파장이 짧은 쪽(파란 쪽)으로 주로 빛을 내고 낮으면 파장이 긴 쪽(붉은 쪽)으로 주로 빛을 내는데, 태양 같은 물체의 이상적 모델이다.

태양은 절대 온도 6000K 정도의 흑체 복사를 내는데 나오는 빛은 주로 가시광선 영역이다. 밤하늘에서 태양보다 온도가 낮은 별은

● 파동이 장애물을 돌아가는 현상으로 파장이 길수록 두드러진다. 이를 이용하여 고성능의 분광기를 만들 수 있다.

붉게 보이고 높은 별들은 푸른색으로 보인다. 이런 식으로 연속적인 스펙트럼 중 가장 많이 나오는 빛을 측정해서 물체의 온도를 잴 수 있다(사람의 몸에서도 체온에 해당되는 빛이 나오는데, 적외선 체온계는 이런 원리를 이용한 것이다). 앞서 살펴본 우주 배경 복사도 흑체 복사의 일종이다.

천체는 완벽한 흑체가 아니므로 특정 색깔을 내지 않거나 반대로 어떤 색깔만 강하게 내서 스펙트럼 중간 중간에 특정한 줄무늬들이 나타난다(그림 33). 집에 있는 형광등도 모든 색깔의 빛을 내지 않는다. 이런 무늬들은 어디서 오는 걸까? 이 선 스펙트럼들은 물체를 이루는 원자들 안의 전자가 원자핵 주위의 정해진 궤도만 돌 수 있기 때문에 생기는 현상이다. 양자 역학에 따르면 전자는 파동으로 행동하는데, 전자 입장에서 원자는 공 모양의 박스처럼 느껴진다. 피리를 불면 피리 속의 공기들은 피리 안을 상자처럼 느끼며 왔다 갔다 하다가, 피리 길이에 딱 맞는 특정 소리 파장과 그 정수배의 파장에 해당하는 음(배음)만 강하게 공명하며 살아남고 나머지는 마찰열로 사라진다. 마찬가지로 전자들의 양자 파동은 원자라는 공 모양 상자에 맞는 특정 파장

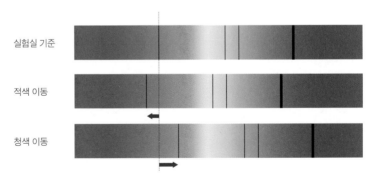

그림 33　도플러 효과에 의한 빛의 스펙트럼 이동. 천체가 멀어지면 적색 이동이 일어나고 가까워지면 청색 이동이 일어난다.

들만 살아남기 때문에 원자핵에서 특정 높이의 궤도들만 돌 수 있다. 그래서 전자들이 돌 수 있는 궤도는 이미 정해진 간격으로 뚝뚝 떨어져 있다.

특정 궤도를 공전하던 전자들은 주변의 빛을 흡수하거나 혹은 빛을 방출하는 과정을 겪는다. 이 과정에서 궤도들 사이를 옮겨 다니게 되는데, 궤도 자체가 띄엄띄엄 떨어져 있으므로 흡수하거나 방출하는 빛들도 그 궤도 높이차에 해당하는 특정 에너지, 즉 특정 파장의 빛만 흡수하거나 내보낸다. 이것이 선 스펙트럼의 원리다. 검은 줄무늬는 원자가 그 색깔의 빛만 강하게 흡수했다는 뜻이다. 참고로 양자 역학의 양자quantum는 흔히 오해하듯 플러스plus 전기를 의미하는 것이 아니라, 이처럼 물리량들이 숫자처럼 띄엄띄엄한 값을 가진다는 의미다. 즉 아날로그가 아니라 디지털이라는 뜻과 같다. 양자 역학이 요새 나왔다면 '디지털 역학'이라고 불렸을지도 모른다. 이런 불연속적인 스펙트럼이 20세기 초 물리학자들이 양자 역학을 발견하게 된 동기다.

원자 종류마다 핵의 전하량이 다르므로 전자를 가두는 박스 모양이 약간씩 다르고 전자 궤도의 에너지도 다르다. 결과적으로 궤도 사이의 에너지 차이에서 오는 빛의 선 스펙트럼 간격이 사람의 지문처럼 원자 종류마다 다르다. 따라서 별빛 스펙트럼에서 이런 선들의 배열 패턴을 파악하면 멀리 있는 천체에 어떤 종류의 원자가 있는지 쉽게 알 수 있다. 그래서 천문학자들은 지구를 벗어나지 않고도 수억 광년 떨어진 별이 무엇으로 돼 있는지를 아는 것이다. 또 그 천체가 움직이면 도플러 효과로 이런 선들의 파장이 스펙트럼상에서 원래 위치에서 파란 쪽(지구 쪽으로 움직일 때, 청색 이동)이나 빨간 쪽(지구에서 멀어질 때, 적색 이동)으로 이동한다. 그 움직인 정도가 그림 33처럼 줄무늬로 눈에

적색 이동과 우주의 크기

스펙트럼의 기준은 실험실에서 관찰할 수 있는 수소처럼 우주의 흔한 원소에서 나온 빛이다. 적색 이동이 일어난 정도를 천문학에서는 z라고 표기한다. 이것은 아주 중요한 양인데, 나중에 나오는 허블의 법칙에 의해 이 양은 보통 우주의 크기나 거리의 척도로 쓰인다. 지구에서 어떤 천체까지 거리나 빛이 천체에서 나온 시간을 대표하는 용도로 천문학 그래프에서 자주 사용된다. 천문학적 시간이 큰 수인 데다 관측으로 직접 재는 양이 시간이 아니라 적색 이동 z이기 때문에 편리하다.

적색 이동과 우주의 크기는 밀접한 관련이 있다. 우주의 크기가 R_e일 때 먼 은하에서 나온 진동수 λ_e의 빛은 긴 세월이 흐른 후 적색 이동이 돼 우주의 크기가 R_0인 현재 진동수 λ_0로 지구에 도달한다면 적색 이동 z는 다음의 르메트르식으로 정의된다.

$$1+z \equiv \frac{\lambda_0}{\lambda_e} = \frac{R_0}{R_e}$$

마지막 등식은 우주의 크기가 늘어난 것만큼 공간을 달려가는 빛의 파장이 자동으로 늘어남을 의미한다. 아주 편리하게도 중간에 어떤 방식으로 우주가 팽창했든 상관없이 처음과 나중의 우주 크기만 관계된 아주 간단한 비례 관계가 있다는 것을 알 수 있다. 이것은 우주론학자들에게는 천만다행이다. 사실 우주 팽창에 의한 먼 은하의 도플러 효과는 가까운 천체의 운동에 의한 일반적 도플러 효과와 원인이 다르다. 일반 천체의 경우는 광원이나 관찰자의 상대적 운동이 중요하지만 우주 팽창인 경우는 빛이 오는 도중에 공간 자체가 늘어나서 파장도 자동으로 늘어난 것이다.

이 식에서 $z = 0$은 현재에 해당되고 과거로 갈수록 z가 커진다. 빛이 나온 시간이나 거리뿐 아니라 어떤 천체에서 빛이 나올 때 우주의 상대적 크기를 알려 준다. $z = 1$이면 우주의 크기가 지금의 절반일 때고 z가 9이면 우주의 크기가 지금의 1/10인 과거다. 따라서 천문학자들은 z가 얼마인지 알려 주면 대략 어느 정도 과거에서 온 빛인지, 어느 정도 멀리 있는 천체인지 알 수 있다. 초기 우주의 천체는 적색 이동이 매우 심하므로 high z라고 부른다.

확연하게 보이므로 천체의 속도에 따른 적색 이동이나 청색 이동을 쉽게 파악할 수 있다. 이런 효과를 몰랐을 적에는 태양계 외 먼 거리에 있는 천체들의 움직임을 잰다는 것은 거의 불가능했다.

별의 밝기로 거리를 알 수 있다

의외로 천체까지 거리를 측정하는 것은 쉽지 않고 오차가 크다. 지구에서 가까운 별들은 연주 시차를 이용해 삼각 측량법으로 잰다. 차를 타고 야외를 달리다 보면 가까운 가로수는 많이 움직이고 멀리 있는 산의 나무는 천천히 움직이는 것처럼 보인다. 마찬가지로 지구가 태양 주위를 공전하고 있기 때문에 6개월 주기로 가까운 별은 아주 먼 별에 비교해 하늘에서 상대적으로 더 많이 이동하는 것처럼 보인다. 이 동하는 정도는 지구에서의 거리에 반비례하는데, 이 움직인 각도의 절반을 연주 시차라 한다(그림 34).

　　태양계 밖의 별에 대한 연주 시차는 오랜 시도 끝에 독일 천문학자 프리드리히 베셀Friedrich Bessel(1784~1846), 영국 천문학자 토머스 헨더슨 Thomas Henderson(1798~1844), 독일 천문학자 프리드리히 게오르크 빌헬름 폰 스트루베Friedrich Georg Wilhelm von Struve(1793~1864)에 의해 1838년 처

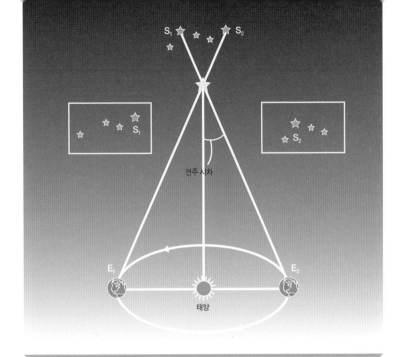

그림 34 의외로 천체까지 거리를 측정하는 것은 쉽지 않고 오차가 크다. 지구에서 가까운 별들은 연주 시차를 이용해 삼각 측량법으로 잰다.

음 측정됐다. 태양과 지구 사이의 거리(1억 4960만 킬로미터)를 이용하면 1pc(파섹)은 약 3.26광년임을 계산할 수 있다. 하지만 100pc 이상 떨어진 별들은 연주 시차가 너무 작아 이 방법으로 거리를 재기 어렵다.

더 일반적인 방법은 광도 거리를 재는 것이다. 광도 거리란 별의 겉보기 밝기는 거리의 제곱에 비례해 어두워지므로 멀리 있을수록 더 어두워 보인다는 단순한 원리를 사용해 정의한 단위다. 마치 촛불이 멀리 있을수록 어두워 보이는 것과 같은 이치다. 어떤 천체의 진짜 밝기(절대 등급)를 알고 있다면 지구에서 보는 그 천체의 겉보기 밝기(상대 등급)를 측정해 그 상대적 차이로 거리를 유추할 수 있다. 문제는 멀리 있는 천체의 진짜 밝기를 어떻게 아는가다.

예를 들어, 맥동변광성pulsating star이란 별은 맥박이 뛰듯이 별이 수축과 팽창을 반복하여 밝기가 변한다. 이 별은 그 밝기가 변하는 주기(시간 간격)와 시간 간격(주기)과 진짜 밝기의 관계가 알려져 있다. 밝기가 변하는 주기는 시계와 망원경만 있으면 쉽게 측정이 가능하므로, 그로부터 절대 등급을 추정할 수 있고 겉보기 밝기와 비교하여 맥동변광성까지 거리를 알 수 있는 것이다. 이런 방식으로 구한 거리를 광도 밝기라 한다.

허블이 멀리 있는 은하일수록 지구에서 빨리 멀어진다는 허블의 법칙을 알아낸 것도 다른 은하에 있는 맥동변광성의 주기를 관찰했기 때문이다. 그러나 아주 먼 은하는 맥동변광성이 잘 보이지 않아 이용하기 어렵다. 그 대신 초신성을 이용할 수 있다. 초신성은 어떤 이유로 인해 별의 중심부가 위에서 누르는 물질들의 압력을 견디지 못하고 붕괴되면서 갑자기 고온 고압 상태가 돼 핵융합이 폭발적으로 일어나는 현상이다. 이때 헬륨보다 무거운 원소들이 별 밖으로 튀어나오거나 생성되는데, 이 물질들이 나중에 지구 같은 행성을 만들게 된다. 우리 몸을 이루고 있는 원자들도 과거 어느 때 어떤 초신성이 폭발하면서 남긴 파편인 셈이다. 이러한 초신성이 폭발할 때는 흔히 자기가 속한 은하만큼이나 밝아진다. 즉 수천억 배나 밝아져서 아주 먼 은하의 초신성도 관찰할 수 있다.

특히 1a 타입의 초신성(SNIa)은 절대 등급이 거의 일정해 우주의 표준 촛불로 쓰일 수 있다. 촛불은 밝기가 거의 일정하다.* 멀리 있는 촛불의 겉보기 밝기를 알면 그 촛불까지의 거리를 추정할 수 있다. (초신성은 우주론에서 그런 촛불 역할을 하므로 이런 별명이 붙었다.) 초신성은 스펙

그림 35　우주에서 표준 촛불과 표준자 비유. 초신성은 밝기로 거리(광도 거리)를 알려 주고, 은하 집단 사이 평균 거리는 겉보기 크기로 거리(각지름 거리)를 알려 준다.

트럼에 보이는 원소와 밝기가 시간에 따라 변하는 패턴에 따라 여러 종류로 분류된다. 천문학자들은 1a형 초신성의 절대 밝기가 모두 같다는 것을 이용해 겉보기 밝기만 측정한다면 이 초신성까지의 거리를 잴 수 있었다. 앞서 살펴봤듯이 이런 초신성 관측을 통해 우주가 가속 팽창 중이라는 사실도 알게 됐다.

　거리를 재는 세 번째 방법은 천체의 원래 크기를 알고 있을 경우 지구에서 본 겉보기 크기와 비교해 거리를 추정하는 방법이다. 이런 천체를 '표준자'라 한다. 대표적인 예로 바리온 음향 진동(BAO)이 있다.

● 　그래서 밝기의 단위 칸델라Candela(candle의 라틴어)에 그 이름을 남겼다.

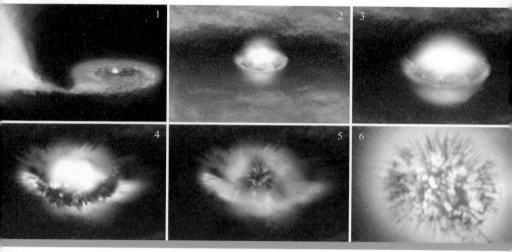

그림 36 큰 별의 물질이 같이 돌고 있는 작은 백색 왜성에 쌓여 폭발해서 SNIa형 초신성이 생긴다고 본다. 유럽우주국(ESA) INTEGRAL의 관측에 따르면 백색 왜성 둘레에 벨트처럼 쌓인 물질이 내폭을 일으켜 감마선을 발생시킨다.

은하들의 분포를 조사해 보면 은하들이 특징적으로 약 150Mpc(약 4.9억 광년) 간격으로 반복해서 몰려 있는 것을 알 수 있다. 이것은 태초에 빛과 물질이 플라스마 형태로 뒤엉켜 있을 때 이들 물질들의 모였다 흩어졌다 하는 파동이 플라스마 속을 이동했다. 나중에 빛이 분리되면서 남은 물질들이 멈춘 흔적인 것이다. 앞서 봤지만 우주 배경 복사를 관측하면 이 거대 구조의 실제 크기를 알 수 있으므로 지구에서 보이는 은하들이 모인 거리의 각도를 재면 삼각 측량으로 그 구조까지 거리를 알 수 있다. 이런 각도로 재는 거리를 '각지름 거리angular diameter distance'라 한다. 먼 산봉우리 사이의 실제 거리를 알고 보이는 두 봉우리 사이의 각도를 재면 삼각 측량으로 산까지의 거리를 알 수 있는 것과 같은 원리다. 이 방식은 우주 팽창이 어떻게 이뤄졌는지를 확인하는 방법으로도 쓰일 수 있다. 가까운 거리에서는 광도 거리와 각지름 거리가 같지만 먼 천체에서는 우주의 팽창 때문에 이 둘이 다르다.

그림 35는 우주에서 거리 척도인 표준 촛불과 표준자의 개념을 잘 보여 준다. 왼쪽은 은하의 거리에 따른 SN1a형 초신성(은하의 하얀 점들)의 밝기를 촛불에 비유한다. 지구에서 멀수록 어둡다. 오른쪽은 특정 거리로 떨어진 두 은하의 거리를 표준자에 비유하는데, 지구에서 멀수록 두 은하 사이의 떨어진 각도가 작아 보인다. 암흑 물질과 암흑 에너지의 비율을 구하는 기본적 방법은 표준 촛불이나 표준자를 이용하여 천체들의 광도 거리나 각지름 거리에 대해 적색 이동의 그래프로 우주의 팽창 곡선을 그려 봐야 한다.

암흑 물질이 되려면

암흑 물질의 후보가 되려면 다음의 성질을 모두 가져야 한다.

첫째, 수명이 길어야 한다. 아인슈타인의 유명한 공식 $E=mc^2$에 따르면, 질량은 에너지고 에너지는 물질로 바뀔 수 있다. 이런 이유로 무거운 입자는 더 가벼운 다른 입자들로 바뀔 수 있다. 예를 들어 중성자는 원자핵 안에선 안정돼 있지만 따로 떼 놓으면 반감기 614초다. 즉 더 가벼운 양성자로 변환한다. 이런 식으로 다른 물질로 쉽게 바뀌는 입자는 안정된 암흑 물질이 될 수 없다. 최소한 수명이 지금의 우주 나이 정도는 돼야 우주 구조 형성 등을 설명할 수 있기 때문이다. 이런 조건을 만족하기 위해서는 같은 종류의 입자 중 가장 가벼운 것이 유리하고 다른 물질과 상호작용할 가능성이 적을수록 좋다.

둘째, 전자기적으로 상호작용을 하지 않아야 한다. 전자기적 상호작용을 한다면 이미 쉽게 관측됐거나 검출됐을 것이다. 일반 물질과는 전자기력보다 훨씬 약한 약력이나 그보다 약한 상호작용과 중력 상호작용만 해야 왜 지금까지 실험 장치에서 검출되지 않는지 설명이 된다. 따라서 입자물리 표준 모형 안에 있는 쿼크나 전자, 이들로 만들어진 양성자나 원자 등은 암흑 물질이 될 수 없다. 중성미자는 전자기 상호작용을 하지 않아 유력한 암흑 물질 후보로 거론됐지만 질량이 너무 가벼워 그 에너지 밀도가 충분치 않고 속도가 너무 빨라 우주 구조 형성을 잘 설명하지 못해 후보가 되지 못했다.

셋째, 잔여 밀도relic density가 적당해야 한다. 현재 남아 있는 암흑 물질의 양이 우주의 에너지 중 암흑 물질의 비율(약 26%)을 잘 설명해야 한다. 너무 많으면 우주 팽창 곡선을 적절히 설명하지 못하고 너무 적으면 은하 같은 천체를 만들기 어렵다.

넷째, 천체 현상과 모순이 없어야 한다. 우주 초기부터 존재해야 하며 원시 핵합성, 우주 배경 복사, 항성, 은하의 진화와 구조, 은하단 충돌 등을 잘 설명할 수 있어야 한다. 특히 이 조건이 까다로운데, 설령 지구에서 실험으로 어떤 암흑 물질 입자를 직접 검출하거나 가속기에서 만들어 냈다 할지라도 그 물질이 우주 구조를 만드는 바로 '그' 암흑 물질과 같다는 보장이 없기 때문이다. 중성미자의 예에서 보듯이, 눈에 안 보이는 암흑 물질은 한 종류가 아닐 수 있다. 연구자들 중에도 이 점을 간과하는 사람들이 의외로 많다. 기본적으로 차가운 암흑 물질일 가능성이 높지만 은하 이하 구조물을 설명하는 데 어려움이 있다.

다섯째, 간접 실험 결과와 모순되지 않아야 한다. 암흑 물질의 질량과 상호작용의 세기는 지금까지 시행된 지상 실험과 우주 관측 결과로 상당 부분 제한돼 있다. 이들 실험 결과와 모순이 있으면 당연히 안 된다.

암흑 물질에는 어떤 것이 있나

암흑 물질 입자들은 초기 우주에서 속도에 따라 은하나 은하단을 만드는 방식이 다르기 때문에 크게 세 가지로 분류된다.

우선 차가운 암흑 물질(cold dark matter: CDM)은 주로 윔프 같은 수소보다 무거운 입자로, 초기 우주에서 속도(이를 자유 흐름 속도free-streaming velocity라 한다)가 느려 쉽게 중력으로 뭉치고 다른 물질들이 뭉치는 것을 방해하지도 않는 물질이다. 액시온Axion처럼 가벼운 입자도 생성 과정상 속도가 느려 차가운 암흑 물질이 되기도 한다. 은하단 이상의 우주 구조 형성을 잘 설명하고 입자물리학적으로도 후보가 있어 가장 많이 선호되는 물질이다. 이 모델에서는 작은 천체가 먼저 생기고 이것이 모여 큰 천체가 된다. 이른바 보텀 업bottom up 방식이다. 하지만 은하의 구조나 분포를 잘 설명하지 못한다. 본질적으로 작은 천체들이 너무 많이 생긴다는 단점이 있고 작은 은하 중심부는 밀도가 높지 않은 현상을 설명하지 못한다.

반면 중성미자처럼 가벼운 입자는 열운동을 빠르게 하기 때문에 광속에 가까운 속도로 움직인다. 이런 뜨거운 암흑 물질(hot dark matter: HDM)은 잘 뭉치지도 않을뿐더러 다른 물질들이 뭉치는 것을 흩어뜨려

표 2　　　암흑 물질의 종류와 특징

차가운 암흑 물질	따뜻한 암흑 물질	뜨거운 암흑 물질
무거운 입자		가벼운 입자
속도가 느림		빠른 속도로 멀리 움직임
큰 우주 구조를 잘 설명	비활성 중성미자 등. 차가운 암흑 물질과 뜨거운 암흑 물질의 장단점을 가지고 있음.	큰 천체가 먼저 생김
작은 천체가 먼저 생김		은하가 너무 늦게 생성됨
작은 천체가 너무 많이 생기는 것이 단점		
윔프, 초대칭 입자, 액시온 등		중성미자 등

방해하기 때문에 우주 구조 형성을 설명하지 못해 주류가 될 수 없다. 이 모델에서는 큰 천체가 먼저 생기고 거기서 떨어져 나와 작은 천체가 된다고 본다. 가벼우므로 숫자가 많을 수 있다.

　따뜻한 암흑 물질(warm dark matter: WDM)은 이 둘의 중간으로 역시 같은 장단점을 가지고 있다. 적당한 속도로 작은 천체가 지나치게 많이 생기는 것을 막는다. 하지만 은하 구조의 문제를 한 계수로 설명하지 못한다. 은하 중심부 밀도가 너무 높아지는 문제를 줄이려면 작은 은하가 너무 적게 생긴다. 먼 퀘이사의 빛이 지구에 오기까지 우주 공간의 수소 가스에 흡수될 때 다양한 적색 이동으로 인해 빽빽한 숲처럼 보이는 스펙트럼이 생긴다. 이를 '라이만 알파 숲Lyman Alpha forest'이라고 한다. 이것을 관찰해 보면 암흑 물질의 성질을 알 수 있다. 이 관측은 따뜻한 암흑 물질과 잘 맞지 않는다고 알려져 있다.

바리온 암흑 물질

일반 물질로 이뤄진 천체 중에는 눈에 보이지 않는 물질이 많다. 예를 들어 태양과 비슷하거나 작은 별은 핵융합 연료를 다 소비하면 백색 왜성white dwarf이 되는데, 식으면 빛을 발하지 않기 때문에 관측이 어렵다. 태양보다 훨씬 무거운 별은 폭발 후 중성자별이나 블랙홀이 된다. 중성자별이 펄사pulsar가 되거나 블랙홀이 주변 물질을 빨아들이지 않으면 그 존재를 알기 어렵다.

따라서 일반 물질(바리온 물질)로 이루어진 갈색 왜성, 백색 왜성, 행성, 블랙홀 같은 어둡고 작고 무거운 천체 MACHO(Massive compact halo object)나 빛을 내지 않는 성간 가스가 암흑 물질 후보로 가장 먼저 고려된 것은 당연하다. 그러나 초기 우주에서 원시 핵합성을 고려하면 바리온 물질의 양이 기껏해야 우주 밀도의 약 5%여야 하기 때문에 애초에 바리온 물질만 가지고는 관측된 암흑 물질 전부를 설명할 수가 없다. 앞서 말한 우주 배경 복사의 스펙트럼 연구에서도 바리온 물질이 이 정도밖에 없다는 것이 재확인됐다. 이런 어두운 천체가 별 앞을 지나갈 때는 햇빛이 렌즈에 모이듯 순간적인 중력 렌즈 현상에 의해 그 별빛이 밝아지는 마이크로 중력 렌즈 현상이 생길 수 있다. 하지만 우리 은하 헤일로에서 관측된 이 현상의 숫자가 예상보다 너무 적어 MACHO는 암흑 물질을 충분히 설명할 수 없다는 것이 알려졌다. MACHO는 은하 전체 질량의 10% 이하로 생각된다.

중성미자

표준 모형 안에서 비바리온non-baryonic 암흑 물질 입자 후보는 약한 상호작용을 하는 중성미자를 생각해 볼 수 있다. 중성미자는 전하(전기)

가 없는 전자의 사촌인데, 전기적으로 중성인 작은 입자란 뜻이다. 원자핵 안에 있는 중성자neutron와 구별하기 위해 붙인 이름이다. 1930년 오스트리아의 물리학자 볼프강 파울리Wolfgang Pauli(1900~1958)는 방사성 원자의 베타 붕괴 과정에서 나오는 전자의 에너지가 일정하지 않아 에너지 보존 법칙이 성립하지 않는 문제점을 해결하기 위해 눈에 보이지 않는 중성미자라는 가상의 입자가 나머지 에너지를 가지고 도망간다고 했다. 당시에는 황당해 보인 이 아이디어는 훗날 중성자가 양성자와 전자와 반중성미자로 바뀌는 약력 현상에 중성미자가 관여하는 것으로 확인됐다.

세 종류인 중성미자는 각각 특이한 성질이 있는데, 질량이 있는 경우 시간이 지나면 서로 정체가 바뀔 수 있다. 이를 '중성미자 진동'이라 하는데, 태양 중심부에서 나오는 한 종류의 중성미자의 양이 생각보다 작다는 '태양 중성미자 문제'를 해결하기 위한 해결책으로 연구됐다. 일본 기후현의 (가미오카) 폐광산 지하 1킬로미터되는 지점에 일본 정부가 1000억 원 이상을 지원해 만든 슈퍼카미오칸데라는 높이 42미터에 물 5만 톤이 담긴 초대형 물탱크 실험 시설이 있다. 이 실험은 우주 선과 외부 방사선을 최대한 차단한 지하 물탱크에 중성미자가 들어와 물속의 원자나 전자와 부딪혔을 때 생성되는 전기를 띤 입자가 내는 체렌코프 복사Cherenkov radiation를 측정하는 장치다. 체렌코프 복사란 초음속 제트기가 음속을 돌파할 때 나오는 충격파처럼 전하가 광속보다 빠르게 움직일 때 나오는 빛이다. (물속에서는 광속이 진공일 때보다 느려진다.) 물이 많을수록 중성미자가 충돌할 확률이 커지므로 대형 물탱크를 쓴다. 이 실험을 통해 태양이나 원자로에서 나온 중성미자가 이동 중에 다른 중성미자로 바뀌는 현상인 중성미자 진동을 확인해 중성미자가 질량이 있다는 것을 확증했다. 이 공로로 가지타 다카아키梶田隆章(1959~)와 비슷한 실험을 한 캐나다의 서드베리 중성미자 관측소(Sudbury Neutrino Observatory: SNO)●의 책임자 아서 맥도널드 Arthur McDonald(1943~)가 2015년 노벨물리학상을 수상했다. 중성미자는 현재 우주에서 개수가 빛보다 많으므로 조금만 질량이 있어도 우주 진화에 영향을 미치므로 이 연구 결과는 의미가 크다.

한국에서는 서울대학교 물리천문학부 김수봉 교수가 주도한 리노 (Reactor Experiment for Neutrino Oscillations: RENO)팀이 관련 연구를 했다. 이 연구팀은 2012년 중성미자 진동에 관련된 마지막 계수를 영광원자력발전소에서 나오는 중성미자의 변환을 측정해서 알아냈다고 발표했다. 후발 주자였던 중국의 다야 베이팀보다 한 달 늦은 발표였지만 통상 이런 경우에는 독립적인 실험으로 여겨지므로 업적을 인정받는다.

리노팀은 2011년 8월부터 약 500일간 영광 원자력발전소에서 나오는 중성미자들 사이의 변환 현상(진동)을 1.4킬로미터 떨어진 검출 장비를 이용해 측정했다. 그 결과 가장 가벼운 중성미자와 가장 무거운 중성미자의 질량 차가 전자 질량의 약 10억분의 1 정도란 사실을 알아내 2016년 5월 〈피지컬 리뷰 레터스Physical Review Letters〉지에 발표했다.

그런데 중성미자처럼 가벼운 입자들은 광속에 가깝게 움직이는 뜨거운 암흑 물질이어서 초기 우주의 밀도 요동을 쉽게 흐트러뜨려 은하 같은 우주의 형성을 방해하기 때문에 물질의 주류가 되어서는

● 캐나다 온타리오 주 서드베리 지역의 광산 지하 2100미터에 약 17미터의 공 모양 구조물에 중수 1000톤이 채워진 실험 장치다. 2001년 태양에서 오는 중성미자가 질량이 있어서 다른 중성미자로 변환하는 현상을 측정했다.

안 된다. 앞에서 봤듯이 우주의 물질 구성에 민감한 우주 배경 복사 스펙트럼을 분석해 보면 현재 물질의 총량은 암흑 물질을 포함해 약 30%, 그중 바리온 물질은 약 4.8%, 가벼운 중성미자는 1.5% 이하여야 하기 때문에 위 주장은 설득력이 있다. 슈퍼카미오칸데 실험으로 중성미자가 질량이 있다는 것을 알게 됐으나 중성미자의 질량은 암흑 물질을 설명하기에는 너무 가볍다. 따라서 기존의 중성미자는 주요 암흑 물질이 될 수 없다. 표준 모형 입자 가운데 관측된 양을 설명할 암흑 물질은 없지만 암흑 물질은 표준 모형을 확장하는 데 힌트를 준다. 중성미자와 비슷하지만 무거운 변종을 고려할 수 있다.

표준 모형에 따르면 중성미자는 질량이 없다. 표준 모형은 엄밀히 말해 근사적 이론이고 중성미자의 질량을 설명할 방법을 찾아야 한다. 표준 모형의 중성미자가 왜 이렇게 가벼운지를 설명하기 위해 연구되고 있는 가상의 무거운 중성미자인 비활성 중성미자Sterile neutrino는 따뜻한 암흑 물질이 될 수 있다. 비활성 중성미자는 약한 상호작용조차 하지 않고 중력으로만 상호작용하는데, 일반 중성미자보다 무거워 총 질량도 설명이 가능하다. 그러나 원시 핵합성 연구에 따르면 중성미자는 현재 알려져 있는 세 종류로 제한되기 때문에 네 번째 중성미자를 도입하는 데에는 어려움이 있다.

윔프

그렇다면 약한 상호작용을 하는 중성미자와 비슷하지만 훨씬 더 무거운 입자를 상상해 볼 수 있지 않을까? 이처럼 약력이나 그 정도의 상호작용을 하는 무거운 암흑 물질을 윔프(Weakly Interacting Massive Particle: WIMP)라 부르는데, 현재 가장 인기 있는 암흑 물질 모델이다.

MACHO(마초)는 억센 남자를 뜻하고 WIMP는 약골을 뜻하니 물리학자들의 작명이 기발하다.

1997년 물리학자 이휘소(1935~1977)와 스티븐 와인버그는 〈무거운 중성미자 질량의 우주론적 하한〉이란 논문에서 초기 우주에서 약한 상호작용을 하는 중성미자 비슷한 암흑 물질과 일반 물질이 서로 변환되는 과정을 연구했다. 암흑 물질의 질량보다 우주의 온도가 높으면 일반 물질이 쌍소멸하여 암흑 물질이 되거나 그 반대 과정이 빈번히 일어난다. 우주가 팽창하여 온도가 내려가면 더 이상 이 변환 과정이 일어나지 않고 암흑 물질의 총량은 바뀌지 않는다. 약한 상호작용의 경우 암흑 물질이 가벼울수록 이 변환 과정이 일찍 중단되고 암흑 물질의 잔류량이 많아진다. 남은 암흑 물질의 양이 관측된 값을 넘으면 안 되므로 암흑 물질의 질량은 대략 양성자 질량의 두 배 이상이 돼야 한다는 결론을 얻었다. 이 질량을 '리–와인버그 경계Lee-Weinberg bound'라 한다.

이렇게 무거우면서 중성미자처럼 약한 상호작용을 하는 미지의 입자를 윔프라고 한다. 이휘소가 윔프의 초기 모델을 제시했다고 볼 수 있다. 당시에는 중성미자처럼 약한 상호작용을 하는 입자들은 이보다 훨씬 가벼워야 된다고 생각했다. 〈피지컬 리뷰 레터스〉에 이 논문이 출판되기 직전인 1977년 6월 16일 그는 일리노이 주 고속도로에서 교통사고로 운명을 달리했고 이 논문은 유작이 되었다.

일반적으로 약한 상호작용을 하는 입자가 관측된 암흑 물질의 비율(약 27%)을 설명하려면 양성자의 100배에서 1000배 정도의 질량(100GeV~1TeV)을 가져야 하는데, 우연인지 필연인지 이 에너지 약력 모형이나 초대칭성 깨짐 척도와 비슷해서 암흑 물질 입자를 이론적으로 발견하거나 가속기 실험에서 찾을 가능성을 높인다. 이 숫자는 입자물

비운의 천재 물리학자 이휘소

그림 37   윔프를 예측한 물리학자 이휘소.

이휘소는 한국이 배출한 세계적인 이론물리학자로 자발적 대칭성 깨짐 등 약전력을 완성시키는 과정에서 여러 가지 아이디어를 제공하고 수학적으로 정리한 인물이다. 힉스 보존이란 말도 그가 처음 사용한 용어로 알려져 있다.

그는 일제강점기인 1935년 의사 부부의 아들로 태어나 서울대학교 화공과를 수석 입학한 수재였다. 세계적으로는 벤저민 W. 리라는 영문 이름으로 알려져 있다. 뉴욕 주립대학교 교수와 페르미 연구소 이론물리학 부장을 지냈다. 시그마 모형의 재규격화(양자장의 무한대를 없애는 수학적 기법)에 성공했다. 당시 대학원생으로 이 이론을 배운 네덜란드 출신 헤라르뒤스 엇호프트Gerardus 't Hooft(1946~)는 약력을 수학적으로 표현하는 비가환 게이지 이론을 재규격화하는 데 성공해 1999년 노벨 물리학상을 수상했다.

압두스 살람이 약전 모형으로 스티븐 와인버그와 함께 노벨상을 수상하는 데도 그의 공이 컸다. 와인버그가 논문을 출판하자 살람은 자기가 강의에서 그 이론을 먼저 발표했다고 주장했고 이휘소가 이를 인정해 와인버그–살람 이론으로 불러주면서 일반 명칭이 됐다. 그가 와인버그와 마지막으로 연구한 논문이 바로 윔프 암흑 물질의 시발점이라 볼 수 있다. 이처럼 그는 당시 세계 이론물리학계를 이

끌던 천재 중 한 명이었다.

　그는 소설에서처럼 핵무기를 개발한 핵물리학자도 아니고 **NASA**에서 일한 천체물리학자도 아니다. 사실 그는 독재와 핵무기를 반대했다. 뛰어난 한국 출신의 이론물리학자를 제대로 평가하지 못하는 세상이 아쉽다.

리학 관점에서 보면 정말 매력적이어서 이를 '윔프의 기적'이라 한다.

　윔프의 유력한 후보가 초대칭 입자이므로 윔프를 이해하려면 초대칭성(supersymmetry: SUSY)을 빼놓을 수가 없다. 초대칭성은 1970년대 프랑스 물리학자 장루 제르베Jean-Loup Gervais(1936~), 일본계 미국 물리학자 사키타 분지崎田文二(1930~2002), 러시아 물리학자 유리 골판드Yuri Golfand와 E. 릭트만E. Likhtman이 수학적으로 처음 도입했고 물리학자 피에르 라몽Pierre Ramond(1943~)과 존 슈바르츠John Schwarz(1941~) 등이 초끈 이론을 연구하다 독립적으로 발견했다. 앞에서 우주 만물은 보존이거나 페르미온 둘 중 하나라고 했다. 이론물리학자들은 이론에 수학적 대칭성이 있으면 아름답다고 본다. 예를 들어 에너지 보존 법칙이 성립하는 것은 물리계가 시간 변화에 불변(대칭)하기 때문이고 운동량 보존 법칙은 평행 이동에 대칭이기 때문이라는 식이다. 따라서 보존과 페르미온 사이에 서로로 변하게 하는 어떤 대칭성이 있는 건 아닐까 하는 생각은 자연스럽다.

　표준 모형의 표를 보면 왜 뮤온 같은 전자의 친척은 있는데, 왜 전자 비슷한 보존은 없는가? 왜 힉스는 혼자 스핀 0인가 하는 의문이 든다. 이런 의문에 답하기 위해 초대칭 이론에서는 모든 보존 입자마다 우주 어딘가에 스핀이 1/2씩 차이 나는 페르미온 짝이 있다고 본다.

그 어딘가가 문제지만 말이다. 아직 단 하나도 발견된 적이 없는 이 짝들을 '초짝super partner' 입자라고 한다. 초짝 중 가벼운 입자들은 주로 안정적이고 그중 특히 상호작용이 약한 입자들은 윔프의 좋은 후보가 될 수 있다. 초대칭성이 있으면 스핀이 0인 힉스 입자가 왜 있는지가 자연스럽게 설명된다. 스핀이 1/2인 페르미온 초짝이 어딘가에 있다고 보면 되니까 말이다.

초대칭 입자를 도입하는 다른 이유는, 힉스 보존 입자는 왜 질량이 작은가, 또는 중력이 왜 약력보다 이렇게 약한가 하는 이른바 계층 문제hierarchy problem 때문이다. 이론을 미세 조정하지 않으면 양자 역학적 효과 때문에 힉스 보존의 질량이 실험으로 얻은 값보다 매우 커야 한다. 만약 초대칭 입자들이 있다면 이 양자 역학적 효과를 상쇄시키는 방향으로 작용해서 힉스 보존 입자 질량이 왜 작은지 설명할 수 있다. 또 초대칭성이 있으면 강력과 약전력이 높은 온도에서 대통일 이론으로 하나의 힘으로 합쳐지는 것을 더 잘 설명할 수 있고, 초끈 이론도 표준 모형 입자들을 설명하기 위해 초대칭성을 필요로 한다.

이론적으로는 여러모로 매력적이지만 문제는 LHC 실험에서도 초대칭 입자가 아직 검출되지 않았다는 점이다. 그동안 초대칭 입자가 관측되지 않는 것은 너무 무거워서라고 생각했는데, LHC의 에너지가 충분히 높은데도 아직 발견되지 않고 있다. 가장 가벼운 초대칭 입자 (lightest supersymmetric particle: LSP)는 다른 무거운 입자로 변환되기에는 에너지가 부족해 안정적이므로 암흑 물질 후보가 될 수 있다. 이런 초짝들의 질량은 수소 질량 10배에서 1000배 사이로 추정된다. 그러나 초대칭 입자가 아직 발견되지 않았다는 것은 초대칭성이 깨져야 하고 그 에너지도 높다는 것을 의미한다.

액시온

웜프 다음으로 각광받는 차가운 암흑 물질 후보는 액시온인데, 강한 상호작용의 CP 문제strong CP problem를 풀기 위해 제안된 가상의 스칼라 입자다. 물리학자들은 이론의 수학적 대칭성에 집착한다. 입자물리학에서 C(Charge)란 전하 대칭을 의미하며 입자를 반입자로 바꿔도 이론적으로 같다는 뜻이다. P(Parity)란 입자들 간 충돌을 거울에 비추어도 물리적으로 똑같다는 뜻이다. CP 변환은 그 두 가지 변환이 동시에 있다는 것을 의미한다. 약력은 CP 대칭성을 깬다는 것이 이론적·실험적으로 밝혀졌는데, 이는 약한 상호작용이 일어나는 반응에서 입자를 반입자로 바꾸고 거울에 비쳐진 것과 같은 실험을 하면 원래 실험과는 똑같지 않다는 뜻이다. 이 대칭성 깨짐은 우주에 왜 물질이 반물질보다 많은가, 즉 왜 우리는 물질로 돼 있는가와 연관이 있다. CP 대칭성 깨짐이 있으면 과거 우주에서 물질을 만드는 과정이 반물질을 만드는 과정보다 더 확률이 높아지기 때문이다.

우주에서 반물질보다 물질이 많이 생기는 것을 '바리온 생성baryogenesis'이라 한다. 1967년 안드레이 사하로프가 반물질보다 물질이 더 많을 세 가지 조건을 제시했는데, 어떤 반응에서 바리온 수가 보존이 안 될 것, C 대칭과 CP 대칭이 깨질 것, 열평형에서 벗어날 것이다. 이런 조건이 다 만족돼야 설령 바리온이 더 만들어져도 다시 원상태로 돌아가지 않게 된다. 과학자들은 현재 우주에 물질이 반물질보다 많은 이유는 약한 상호작용의 CP 대칭성 깨짐과 관련 있다고 짐작한다.

이론적으로는 강한 상호작용에서도 CP 대칭성을 깨는 항이 있는데, 이상하게 실험을 해보면 대칭성이 깨지지 않거나 매우 작아야 한다. 이것이 강한 상호작용의 CP 문제다. 이를 해결하기 위해 1977년 입자물리학자 로베르토 페체이Roberto Peccei(1942~)[*]와 헬렌 퀸Helen Quinn(1943~)은 문제의 항에서 0이 돼야만 하는 계수를 숫자가 아닌 새로운 스칼라장으로 보면 힉스 메커니즘과 비슷하게 자발적 대칭성 깨짐으로 그 장이 0의 값을 갖는다고 제안했다. 곧 미국의 물리학자 프랭크 윌첵Frank Wilczek(1951~)과 스티븐 와인버그는 이 대칭성 깨짐으로 인해 새로운 스칼라 입자가 생긴다고 주장했다. 복잡한 문제를 말끔히 해결하길 바랐는지 이 입자는 당시 유명한 세제의 이름을 따 액시온axion이라 명명됐다.

그러나 원래 이들이 제안한 액시온은 일반 물질과 상호작용이 컸음에도 실험에서 관측되지 않았고 1979년 물리학자 김진의 교수는 〈약한 상호작용 일중항과 강력 CP 불변성Weak-Interaction Singlet and Strong CP Invariance〉이란 논문에서 '보이지 않는 액시온invisible axion'이라는 훨씬 가볍고 상호작용이 약한 액시온을 제안했다. 이 입자는 전자기 상호작용을 거의 하지 않기 때문에 좋은 암흑 물질 후보가 될 수 있다 (그의 이 논문은 현재 1300번이 넘게 인용됐다).

액시온은 어떻게 검출할 수 있을까? 액시온은 일반 물질과 거의 상호작용을 하지 않지만 극히 드물게 일반 물질과 상호작용을 할 수 있다. 미국의 물리학자 피에르 시키비에Pierre Sikivie(1949~)가 제안한 방법은 강한 자기장을 만날 때 액시온이 빛으로 바뀌는 역프리마코프 효과Inverse Primakoff effect[**]란 현상을 이용한다. 이때 나오는 광자는 초

● 로마클럽의 설립자이자 이탈리아의 실업가인 아우렐리오 페체이Aurelio Peccei의 아들이다.

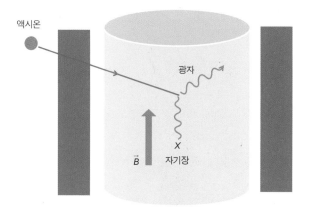

그림 38 역프리마코프 원리를 이용한 액시온 검출 장치의 원리. 차폐막 안의 초단파 공동에 들어온 액시온이 강한 자기장을 만나 전파로 바뀐다.

단파로 매우 약하다. 이런 약한 신호를 검출하기 위해 초단파 공동 microwave cavity을 이용한다. 초단파 공동은 일종의 금속관으로 특정 파장의 전파만 공명을 일으킬 수 있는 구조로 돼 있다. 마치 피리의 길이와 공명하는 소리의 관계처럼 말이다. 액시온이 강한 자기장이 걸린 공동에 들어가면 낮은 확률로 전파로 바뀌고, 액시온 질량에 해당되는 전파가 공명하도록 공동을 만든다. 아무리 확률이 낮아도 워낙 액시온의 밀도가 높기 때문에 측정이 가능하다. 이 전파를 고성능 안테나로 증폭하는데 잡음을 낮추기 위해 저온 냉각을 한다. 대표적으로 미국 워싱턴 대학의 액시온 암흑 물질 실험(Axion Dark Matter experiment:

●● 프리마코프 효과Primakoff effect는 강한 자기장에서 광자가 액시온으로 바뀌는 현상이고 역프리마코프 효과는 그 반대 과정을 의미한다.

그림 39 액시온 암흑 물질 실험(ADMX)에 사용된 자석.

ADMX)이 있다. 강력한 초전도 자석으로 자기장을 만들고 지구 주변의 액시온이 검출기를 지나가길 기다린다. 액시온의 질량을 정확히 알 수 없으므로 공동은 공명 주파수를 순차적으로 바꿀 수 있게 설계됐다.

　한국에도 비슷한 액시온 암흑 물질 탐사팀이 있다. 기초과학연구원(IBS) 소속의 '액시온 및 극한 상호작용 연구단'이다.[*] 대전 KAIST 캠퍼스에 초단파를 이용한 액시온 검출 장치를 설치할 예정인데, 액시온 검출 시 나오는 전파 출력이 $10^{-23}W$에 불과해 매우 정밀한 검출기가 필요하다. 이런 약한 신호는 화성에서 지구에서 발생하는 핸드

●　현재 미국 브룩헤이븐 국립연구소(Brookhaven National Laboratory: BNL) 출신의 물리학자 야니스 세메르치디스Yannis Semertzidis가 이끌고 있다.

그림 40 CERN의 액시온 태양 망원경(CAST).

폰 신호를 재는 것과 비슷하다. 이 연구팀은 초전도 양자 간섭 소자
(Superconducting quantum interference device: SQUID)를 센서로 사용할 예정이다.
ADMX보다 자기장을 몇 배 강화시켜 정밀도를 높이고 2018년경에
실험을 시작할 계획이다. 2016년 6월에는 IBS는 LHC에 사용된 초전
도 자석과 IBS의 액시온 연구팀의 고주파 공진기와 극저온 기술을 이
용한 액시온 검출 장치를 국내 검출기와 별도로 개발해 앞으로 5년간
액시온을 찾기로 CERN과 협약을 맺기도 했다.

　액시온을 검출하는 또 다른 프로젝트로는 CERN의 액시온 태양
망원경(CERN Axion Solar Telescope: CAST)이 있다. 이 망원경은 태양 중심부
의 강한 전기장에서 X선이 액시온으로 변환되고 그 액시온이 지구에
도착했을 때 9.5테슬라의 강한 자기장을 통과시켜 다시 X선으로 변환
되는 것을 측정하려고 한다. 실험은 2003년부터 시작되었으나 아직까
지 액시온은 측정되지 않았다. 현재 중단된 상태지만 액시온의 가능
한 범위를 좁혀 가고 있다. 액시온은 10년 안에 그 진위가 결정될 것으

로 보인다. 초끈 이론에서도 액시온과 비슷한 여러 입자를 예상한다.

스칼라장 암흑 물질 또는 BEC 암흑 물질

최근 암흑 물질은 마음대로 움직이는 개별 입자가 아니라 보즈-아인슈타인 응축(Bose-Einstein Condensation: BEC)된 파동처럼 단체로 행동한다는 가설이 떠오르고 있다. 아인슈타인과 인도 물리학자 사티엔드라 나드 보즈Satyendra Nath Bose(1894~1974)에 따르면 스핀이 0이나 1 같은 보존들은 같은 상태에 모이길 좋아하는데, 온도가 낮거나 밀도가 높아 입자들 간의 파동 함수가 겹치면 입자들 간의 구별이 없어지며 이처럼 단체로 행동하게 된다. 사람들이 모여 숫자가 많아지면 개성은 없어지고 군중 심리가 생겨 단체로 행동하는 것을 연상시키는 이런 현상을 BEC라 말한다. 비슷하게 레이저는 보존인 광자가 한 상태에 몰린 것이다. 일반 물질로는 1995년 루비듐rubidium 원자를 이용해 미국의 물리학자 에릭 코넬Eric Cornell(1961~)과 칼 위먼Carl Wieman(1951~)이 실험실에서 처음 관측했다. 이 업적으로 이들은 2001년 노벨물리학상을 수상했다. 스칼라장 암흑 물질 모델은 힉스와 비슷하지만 일반 물질과 상호작용하지 않는, 질량이 10^{-22}eV 정도로 매우 가벼운 스칼라 입자가 우주 공간에서 BEC가 된다는 것이다. 이 질량은 가벼운 액시온의 10만조분의 1 정도로 매우 작다. 이상해 보일지 몰라도 우주론에서 힉스처럼 스칼라장을 도입하는 것은 흔한 일이다. 인플라톤이나 제5원소처럼 말이다.

이 모델은 1980년대 M. P. 발데스치M. P. Baldeschi, 레모 루피니Lemo Ruffini 등 이탈리아 과학자들이 제안했으나 잊혀졌다. 이후 1992년 한양대학교 물리학과 신상진 교수가 독립적으로 제안했고 1995년 내가

스칼라장 이론으로 확장하였다. 신상진 교수는 은하 헤일로의 암흑 물질이 10^{-24}eV 정도의 질량을 가진 아주 가벼운 스칼라 입자이고 모두 한 양자 상태로 보존 응축되어 하나의 파동처럼 행동한다면 관측된 은하에서 별의 회전 곡선을 잘 설명할 수 있다는 모델을 제시했다. 나는 이 암흑 물질들을 고전적인 스칼라장으로 볼 수 있으며 서로 상호작용을 할 수 있다고 제안했다. 그 뒤 비슷한 모델이 다른 여러 학자들에 의해 제안됐다. 퍼지Fuzzy 암흑 물질, 유체fluid 암흑 물질, 척력 repulsive 암흑 물질, 파동wave 암흑 물질, 극경량 액시온Ulta light axion 등 여러 가지 개념이 있지만 매우 가벼운 스칼라 입자의 보존 응축(BEC)이라는 본질적인 원리는 비슷하다. 스칼라장 암흑 물질과 암흑 에너지가 같은 기원이라는 모델도 있다. 요즘은 기존의 액시온도 BEC 상태로 보고 있다.

스칼라장 암흑 물질은 질량이 가벼워서 속도가 빠른 뜨거운 암흑 물질이 될 것 같지만 작은 질량 덕에 개수당 밀도가 매우 높아 고온에서도 BEC 상태가 되어 가장 낮은 에너지 상태로 몰리므로 단체로 속도가 느린 상태로 있다. 또 단체 행동을 하기 때문에 쉽게 움직이지 않고 은하 이상의 크기에서는 차가운 암흑 물질 역할을 하며 은하보다 작은 암흑 물질 천체가 생기는 것을 막는다. 이런 특성은 차가운 암흑 물질 역할을 하면서도 그 단점을 보완하기 때문에 상당히 매력적이다. 달리 표현하자면 중성자성이나 백색 왜성은 페르미온들이 응축해 층층이 쌓여 만든 이른바 페르미온 별star인데, BEC 암흑 물질에서는 은하의 헤일로를 보존 응축으로 된 하나의 보존 별Boson star로 보는 것이다. 최근에는 비활성 중성미자가 은하에서 이런 페르미온 응축을 한다는 주장도 있다.

이 BEC 암흑 물질 이론은 왜 은하보다 작은 구상 성단은 암흑 물질이 지배적이지 않은지를 설명할 수 있다. 나는 이 모델이 알려진 은하의 최소 크기와 질량을 설명할 수 있음을 보였다. 이 이론에서는 양자 역학의 불확정성 원리에 의해 암흑 물질들이 왜소 은하보다 작게 뭉칠 수 없다. 이 모델은 차가운 암흑 물질의 여러 문제를 쉽게 극복할 수 있다는 것이 알려져 점점 연구자가 늘고 있다. 특히 2016년 10월 에드워드 위튼Edward Witten(1951~)과 저명한 천문학자들이 이 가설을 지지하는 논문을 발표해 관심을 끌고 있다.

칼루자–클라인 입자

아인슈타인이 말년에 한 연구는 자연의 모든 힘을 중력과 통일하려는 시도였다. 독일의 물리학자 테오도어 칼루자Theodor Kaluza(1885~1954)와 스웨덴 물리학자 오스카 클라인Oskar Klein(1894~1977)은 그 분야의 선구자다. 이들은 시공간이 4차원이 아니라 5차원이고 5차원의 계량이 전자기학과 관련이 있다면 4차원 중력과 전자기력을 통일할 수 있다고 본다. 칼루자는 5차원의 중력 계량에서 4차원 아인슈타인 방정식과 동시에 4차원의 전자기를 설명하는 맥스웰 방정식을 유도했다. 중력과 전자기학을 통일한 것이다. 클라인은 이 이론의 양자 역학적 성질을 연구해서 수소 원자의 전자처럼 파동이 5차원 방향으로 양자화돼 있음을 보였다. 초끈 이론의 11차원 얘기도 이런 아이디어에 바탕을 둔 것이다.

칼루자–클라인 이론에서는 5차원이 보이지 않는 이유를 그 차원이 매우 작기 때문이라고 본다. 그 경우 5차원으로 움직이는 입자는 작은 공간 때문에 불확정성 원리에 의해 큰 에너지 즉 큰 질량을 가져야 한다. 이런 입자 중 가장 가벼운 입자(Lightest Kaluza-Klein Particle: LKP)는 암흑 물질이 될 수 있는데, 그 질량은 수소 질량의 약 600배 정도로 예상된다. 광자나 중성미자로 붕괴될 수 있지만 아직 LHC에서 검출되지 않았다.

브레논

'모든 것의 이론'이라는 초끈 이론은 쿼크나 렙톤 같은 기본 입자가 점이 아니라 끈이란 것이다. 그동안 초끈 이론은 다섯 가지 종류나 있어 근본적인 이론인지 의구심이 들었다. 하지만 이 다섯 가지 이론이 M-이론이라는 더 고차원적인 이론의 다른 모습이란 것이 밝혀졌다. M-이론에서는 만물은 끈이 아니라 일종의 막brane이며 이런 막들과 끈들이 다양한 상호작용을 하고 있다고 본다.[*] 이런 관점에서 우리 4차원 우주를 고차원 우주에 있는 막으로 보는 가설이 브레인 월드brane world 시나리오다. 예를 들어 이 가설에서 전자기력이나 강력은 4차원에 붙들려 있고 중력은 5차원으로 새어나갈 수 있어 다른 힘에 비해 상대적으로 약하다고 설명한다. 우리가 5차원을 못 보는 까닭은 칼루자-클라인 이론처럼 공간이 작아서가 아니라 게이지 입자들이 그 방향으로 못 나가기 때문이라는 것이다.

상대성 이론에서는 강체rigid body(외부로부터 힘이 가해져도 변형을 일으키지 않는 가상적인 물질)가 있을 수 없으므로 이 막은 5차원 방향으로 진

● M-이론을 처음 제안한 에드워드 위튼은 막이 핵심이라고 보고 있지 않다. 그는 미국의 물리학자이자 프린스턴 고등연구소(IAS)의 교수로, '이론물리학의 교황'이라고 불리며 현존하는 가장 영향력 있는 물리학자로 손꼽힌다. 물리학자 최초로 수학의 노벨상이라고 불리는 필즈상을 수상했다.

동할 수 있다. 그 진동을 장으로 보고 그 장의 입자를 '브레논branon'
이라 부른다. 브레논은 암흑 물질일 수 있다. 또 만약 4차원 막이 두
개가 있다면 다른 쪽 막(그림자 막)의 물질들의 영향이 우리 막에는 암
흑 물질처럼 느껴질 수 있다. 특히 랜들－선드럼 모델Randall-Sundrum
models*에서는 휘어진 5차원 공간을 가정하는데, 그 효과가 LHC 같은
가속기 실험에서 발견될 가능성도 있지만 아직 그런 소식은 없다. 이
막들이 부딪혀서 빅뱅이 생긴다는 가설도 있다.

수정된 뉴턴 동역학으로 본 암흑 물질

암흑 물질이나 암흑 에너지 얘기가 나오면 항상 빠지지 않는 대안이
중력 이론을 수정하는 것이다. 수정된 뉴턴 동역학(Modified Newtonian
dynamics: MOND)은 물론 암흑 물질이 아니다. 1983년 이스라엘의 물리학
자 모데하이 밀그롬Mordehai Milgrom(1946~)은 은하 회전 곡선을 설명하
기 위해 굳이 암흑 물질을 도입할 필요가 없고 중력이 약한 은하 외곽
같은 곳에서는 뉴턴의 법칙을 변경하면 된다고 제안했다. 태양계처럼
가까운 곳에서는 기존의 뉴턴 역학을 유지하고, 중력이 약한 곳에서
는 힘이 가속도에 비례하지 않고 가속도의 제곱에 비례한다고 뉴턴 법
칙을 수정하면 된다는 것이다. 그러면 중력과 원운동의 구심력이 다음
식을 만족한다.

$$\frac{GMm}{r^2} \propto \left(\frac{mv^2}{r}\right)^2$$

● 1999년 미국의 입자물리학자 리사 랜들Lisa Randall(1962~)과 라만 선드럼Raman Sundrum
(1964~)이 제안한 모델이다.

좌우를 비교해 보면 r은 지워지고 공전 속력 v는 거리에 무관하게 일정해져 은하 외곽에서 편평한 회전 곡선을 설명할 수 있다. 위 식을 달리 보면 뉴턴 역학을 수정하지 않고 중력을 거리의 제곱이 아닌 거리에 반비례한다고 수정해도 같은 결론이 나온다. 이런 식으로 중력을 수정한 이론을 '수정 중력modified gravity' 이론이라고 한다. 중력 렌즈 같은 현상을 설명하려면 수정된 뉴턴 동역학이 상대론적으로 확장돼야 한다. 이스라엘계 미국 물리학자 제이콥 베켄스타인Jacob Bekenstein(1947~2015)의 TeVeS(Tensor-vector-scalar gravity)가 한 예다. 이는 추가로 벡터와 스칼라장을 도입한 복잡한 이론이지만 플랑크 위성이 관측한 우주 배경 복사를 설명하기 힘들다. 결정적으로 수정된 뉴턴 동역학이나 그 상대론적 확장 모델은 은하단의 중력 렌즈 현상을 설명하기 힘들다. 수정된 뉴턴 동역학에선 중력 렌즈 현상은 항상 일반 물질이 있어야 하는데, 일반 물질이 없는 곳에서도 그 현상이 발견됐기 때문이다. 중력 렌즈 현상과 은하 회전 곡선을 설명할 때 필요한 계수도 일치하지 않는다. 따라서 현재 대부분 학자들은 이 이론을 지지하지 않는다. 수정된 뉴턴 동역학의 일부 성공을 유사한 효과를 주는 스칼라장 암흑 물질로 해석할 수도 있다.

다음 장에 나오는 그림 42에 여러 가지 암흑 물질 후보들의 질량과 자기 입자들 간 상호작용을 비교해 보였다. 윔프와 비슷하지만 매우 무거운 입자를 '윔프질라Wimpzilla'라 한다. 괴수 고질라처럼 무겁다는 의미다. 슈퍼윔프super wimp는 보통 윔프보다 상호작용이 약하다. 그림에서 중성미자를 제외하고 전부 무거운 암흑 물질이 될 수 있다. 스칼라장 암흑 물질은 보통 질량 10^{-22}eV이고 상호작용이 없으나 상호작용이 있는 경우 훨씬 무거울 수 있다.

암흑 물질을 최초로 발견하려는 전 세계 과학자들의 경쟁이 치열하다. 여기에 한국 과학자들도 참여해 뛰어난 업적을 내놓고 있다. 다양하게 시도되고 있는 암흑 물질 탐사 과정과 현재까지 밝혀진 그 흔적들을 살펴본다.

충돌하는 두 블랙홀이 만들어 내는 시공간의 물결, 즉 중력파를 묘사한 그림.

암흑 물질은
어떻게 찾는가

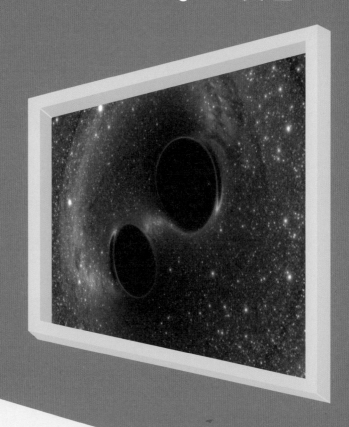

우주론 연대기 II

앨런 구스 등이 인플레이션 이론을 제안하다.

대규모 컴퓨터 시뮬레이션으로 차가운 암흑 물질이 우주 구조 형성을 잘 설명함을 입증하다.

솔 펄머터, 애덤 리스 등이 초신성 관측으로 우주가 가속 팽창 중이라고 발표하다.

1980

1981

1983

1992

1998

비아체슬라프 무카노프와 켄나디 치비소프 등이 인플레이션 중 양자 요동으로 밀도 요동이 생김을 제안하다.

DAMA팀이 윔프 암흑 물질 신호의 연간 변화를 측정하다.

COBE 위성이 우주 배경 복사의 온도 요동을 측정하다.

WMAP, 플랑크 우주 배경 복사 관측 위성과 SDSS 등에 의한 BAO 관측, ESSENCE, SNLS 등 초신성 관측을 통해 ΛCDM 모델이 잘 맞는다는 증거가 누적되다.

WMAP 위성이 우주 배경 복사의 요동을 정밀하게 측정해 우주의 나이를 1% 오차로 구하고 ΛCDM 모델이 잘 맞는다는 것을 확인하다.

2월 LIGO팀이 중력파를 발견하다.

2005

2003

2006

2014

2016

BICEP2팀이 우주 배경 복사 편광으로부터 중력파와 인플레이션 증거를 찾았다고 발표했으나 곧 플랑크팀에 의해 부정되다.

SDSS와 2dF팀이 차가운 암흑 물질의 증거인 바리온 음향 진동을 은하 분포로부터 확인하다.

암흑 물질 찾기

윔프는 가장 각광받는 후보여서 이를 측정하려는 시도 역시 제일 활
발하다. 입자물리학에서 모든 물질 간의 상호작용은 항상 어떤 입자
들이 당구공처럼 충돌해서 일어난다고 본다. 그림 41은 암흑 물질 입
자(점선)와 일반 물질 입자(실선) 사이의 가능한 상호작용(원)을 나타내
는 다이어그램이다. 물론 빛과 상호작용하지 않는 암흑 물질의 상호작
용은 전자기력은 아니고 약력이나 그보다 약한 힘이어야 하므로 이런
반응이 일어날 확률은 극도로 낮다. 만약 암흑 물질과 일반 물질이 중
력 외에는 전혀 상호작용을 하지 않는다면 천체 측으로 간접적으로만
확인 가능할 뿐이고 직접 검출하기는 거의 불가능할 것이다. 우리가
암흑 물질을 검출하려면 다음 과정 중 하나가 반드시 일어나야 한다.

　　그림에서 아래 방향 화살표는 암흑 물질 입자와 일반 물질 입자가
충돌해서 흩어지는(산란하는) 경우를 상징하는데, 직접 검출 지상 실험

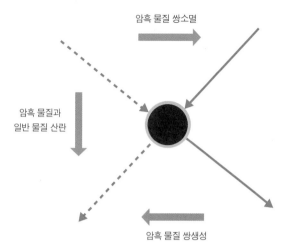

암흑 물질 쌍소멸

암흑 물질과
일반 물질 산란

암흑 물질 쌍생성

그림 41 암흑 물질과 일반 물질의 충돌을 표현한 파인만 다이어그램.

이 이에 해당한다. 오른쪽 방향 화살표는 암흑 물질과 그 반물질이 만나 쌍소멸해 일반 물질과 그 반물질을 생성하는 경우다. 초기 우주에서 암흑 물질의 남은 양을 결정하고 은하 중심부에서 암흑 물질이 쌍소멸해 감마선을 내는 반응(간접 검출)에도 해당된다. 왼쪽 방향 화살표는 일반 물질이 부딪혀 암흑 물질 쌍을 만들어 내는 경우다. 이는 LHC 같은 가속기에서 암흑 물질이 만들어지는 경우(가속기 생성)다. 이렇게 다양한 방법으로 암흑 물질을 교차 검증할 수 있다는 것은 분명 좋은 일이다.

지상 실험(가속기 생성)

입자 가속기는 간단히 말해 전기장이나 자기장이 가해진 진공관으로,

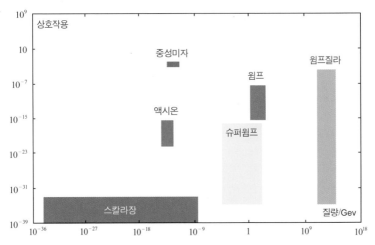

그림 42 암흑 물질 후보들의 질량과 상호작용 범위. 오른쪽으로 갈수록 무겁고 위쪽으로 갈수록 입자 간 상호작용이 크다.

그 안을 전자나 양성자같이 전기를 띤 입자가 고속으로 움직인다. 이런 입자 가속기(?)는 보통 가정집에도 한두 개씩은 있다. 형광등이나 브라운관 TV가 바로 그것이다. 형광등이나 브라운관에서는 열을 가한 금속에서 튀어나온 전자가 전기장에 가속되어 다른 원자에 부딪히면서 빛을 방출한다. LHC 같은 대형 입자 가속기는 보통 전기를 가진 전자나 양성자의 두 무리를 고리 모양의 진공관에 넣고 반대 방향으로 고속 회전시킨 후, 검출기 근처에서 정면 충돌시켜 이때 나온 빛뿐 아니라 수많은 입자들의 궤적과 에너지를 측정해 물질들이 근본적으로 무엇으로 이뤄졌는지 파악하려는 장치다.

　이런 실험들은 마치 시계의 내부 구조를 알기 위해 시계 두 개를 충돌시키고 그 파편들을 조사하는 것과 비슷하다. 시계와 달리 양성

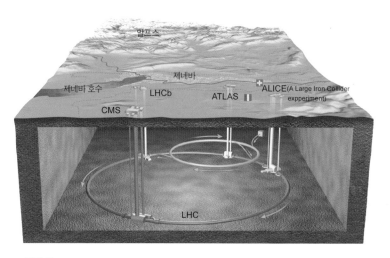

그림 43 　CERN의 LHC 가속기 모식도. 화살표가 양성자의 운동 방향이다.

자 같은 입자들은 사실상 무한정 공급되므로 수많은 반복 충돌 실험
을 하면 통계적으로 어떤 물질의 구조에 대해 어떤 가설이 맞는지 충
분히 검증할 수 있다. 표준 모형의 쿼크나 힉스 입자의 존재도 이런 실
험을 통해 입증된 것이다. 예를 들어 힉스 입자가 있는 경우와 없는 경
우에서는 나오는 소립자들(원자보다 작은 입자들)의 종류와 에너지 패턴
이 다르다. 가속기가 시계 충돌과 다른 점은 아인슈타인의 $E=mc^2$ 공
식에 따라 충돌에너지가 원래 없던 새로운 질량, 즉 새로운 입자를 만
들어 낼 수 있다는 점이다. 쿼크나 힉스 등 입자는 상당히 무거워서 고
에너지 충돌에서만 만들어진다. 그러므로 이들을 발견하려면 그만큼
가속기를 대형화시켜야 한다. 또 입자의 에너지를 높이기 위해 팽이치
기를 하듯 원형 고리에 집어넣고 뺑뺑 돌린다. 공기 분자들과는 충돌
하면 안 되므로 진공을 유지시킨다. 입자들이 휠 수 있게 강력한 자기

장을 형성해야 하며 초전도 자석을 쓰기도 한다.

LHC는 프랑스와 스위스 국경의 제네바 시 인근 지하 175미터에 설치된 둘레가 무려 27킬로미터에 달하는 고리 모양 진공관 장치로, 세계에서 가장 큰 실험 장치다. 2008년 유럽입자물리연구소(CERN) 주도로 세계 100여 개 국가에서 온 과학자들에 의해 만들어졌다. 이 장치는 시험 중에 초전도 자석을 영하 271.25도로 냉각시키는 액체 헬륨이 누설되는 등 우여곡절도 겪었지만 2012년 7월 힉스 입자를 발견했고, 이후 2년간 업그레이드를 거쳐 2015년 13TeV의 충돌에너지를 달성했다. 이제는 초대칭 입자와 고차원 이론을 검증하려 하고 있다. LHC에는 여러 검출기가 정거장처럼 고리 주변에 배치돼 있는데, 이 중 ATLAS(A Toroidal LHC Apparatus)와 CMS(Compact Muon Solenoid)가 일반 실험용으로 서로 실험 결과를 비교할 수 있게 설계됐다.

그림 44는 LHC의 CMS에서 검출기 중앙에서 양성자끼리 충돌해 고에너지 광자 두 개가 나오는 상황을 그린 것이다. 휘어진 곡선들은 생성된 전기를 띤 입자들이 자기장에 의해 휘어져 만든 궤적들이다. 외곽에는 입자들이 가진 에너지를 측정하는 검출 장치가 둘러싸고 있다. 진공관 고리 안에서 양성자들 무리가 거의 광속으로 돌며 원리상 1초에 1000만 번 이상 충돌할 수 있다. 이런 대형 가속기에서는 매 충돌마다 입자의 궤적 정보 등 대용량의 데이터가 쏟아지므로 뜻하지 않게 월드 와이드 웹(www)이나 그리드grid 컴퓨팅* 발전을 촉진시켰다.

이런 복잡한 궤적에서 윔프를 어떻게 찾을 수 있을까? 안타깝게

● 모든 컴퓨팅 기기를 하나의 초고속 네트워크로 연결해 그 계산 능력을 극대화한 디지털 신경망 서비스를 말한다.

그림 44   CERN의 LHC에 연결된 CMS 검출 장치에서 측정된 데이터의 예. 수많은 소립자와 두 개의 고에너지 광자가 인상적이다.

도 암흑 물질은 일반 물질로 만들어진 검출기에 거의 잡히지 않고 빠져나간다. 어쩌다 잡힌다 해도 일반 물질의 신호와 구별도 어렵다. 암흑 물질이 양성자끼리 충돌로 쌍생성됐다는 것을 알려면 모든 입자들의 궤적을 추적해 에너지와 운동량을 계산하고 더한 후 혹시 부족한 양이 있는지 검토해 보면 된다. 볼프강 파울리는 방사능 원자가 전자를 내놓는 베타 붕괴 반응에서 사라진 것처럼 보이는 질량missing mass을 설명하기 위해 눈에 보이지 않는 미지의 입자(중성미자)를 예측한 바 있다.

   ATLAS와 CMS 실험팀은 이런 성질을 가진 윔프나 초대칭 입자

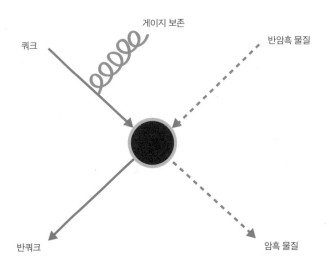

퀘크

게이지 보존

반암흑 물질

반퀘크

암흑 물질

그림 45 가속기 실험에서 암흑 물질이 생성되는 예. 게이지 보존이 붕괴되면서 한쪽 방향으로 만 입자들의 제트를 내뿜고 반대 방향으로 눈에 보이지 않는 암흑 물질들이 에너지의 일부를 가 지고 나간다.

를 간접적으로나마 발견하려고 노력하고 있다. 암흑 물질이 웜프라면 질량이 매우 크므로 LHC 같은 고에너지 충돌 장치에서만 만들어질 수 있다.

여기서 강조하고 싶은 점은 설령 가속기에서 암흑 물질을 만들어 냈다 할지라도 그 암흑 물질이 우주를 지배하는 바로 그 '암흑 물질'인지는 차가운 암흑 물질 탐색(Cryogenic Dark Matter Search: CDMS)이나 LUX(Large Underground Xenon experiment) 같은 직접 검출 실험이나 페르미 감마선 천문 우주 망원경(Fermi Gamma-ray Space Telescope: FGST) 위성(2008 년 6월 NASA가 발사한 천문 위성) 같은 간접 관측으로 질량이 같은지 재확인해야 한다는 점이다. 또한 우주 구조 형성도 잘 설명할 수 있어야 한다. 왜냐하면 우리는 이미 중성미자의 예에서 보듯 암흑 물질이 한 종류가 아닐 수도 있다는 것을 알기 때문이다.

LHC 같은 가속기에서 암흑 물질이 생성됐는지 확인하는 방법은 충돌 방향의 수직 방향에서 에너지 손실(missing transverse energy: MET) 흔적을 찾거나 모노－Z$_{mono-z}$(입자들이 한 방향으로만 검출되는 현상)를 찾는 것이다. 반대 방향으로 암흑 물질이 빠져 나갔다고 보는 것이다. 물론 표준 모형 입자 중에서도 중성미자처럼 비슷한 반응을 하는 경우가 있어 암흑 물질의 경우와 구별해야 한다. 이는 표준 모형에서 중성미자가 얼마나 나올지는 알고 있으므로 계산에서 제외할 수 있다.

직접 검출 실험

가속기 외에 윔프를 직접 검출할 수 있는 방법은 DAMA, CDMS 실험처럼 아주 작은 확률이지만 윔프가 일반 물질의 핵과 충돌할 때 그 원자들이 내는 빛이나 열을 측정해 그 흔적을 찾는 방법이 있다. 이 실험은 우주 선이나 주변 물질에 의한 교란을 막기 위해 지하 깊숙한 곳에서 고순도의 물질을 외부와 차단하고 검출기를 사용한다. 암흑 물질은 일반 물질과 거의 상호작용을 하지 않으므로 이런 사건이 일어날 확률은 극도로 낮다. 그래서 가급적 많은 원자들을 모아 놓고 관찰해야 한다.

암흑 물질뿐 아니라 뮤온 같은 렙톤, 우주 방사선, 암석의 방사선, 실험 장치의 중성자, 감마선 등 주변의 모든 물질들은 원자와 충돌할 수 있다. 문제는 이런 '배경 잡음'들을 어떻게 효율적으로 제거하느냐다. 그래서 물리학자들은 우주의 암흑 물질을 연구하기 위해 역설적으로 땅속 깊숙이 들어간다. 잡음의 주원인인 우주 방사선을 산

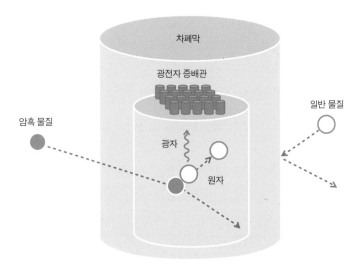

그림 46　암흑 물질을 직접 검출하는 방법. 아주 낮은 확률이지만 암흑 물질이 원자와 충돌하면 원자가 가속 운동하면서 빛(광자)을 낸다. 이를 광전자 증배관으로 검출한다.

이나 암석이 막아 주길 기대해서다. 그런 까닭에 세계 여러 나라의 윔프 검출기는 모두 깊은 지하 동굴이나 폐광에 있다. 이탈리아와 미국은 1400미터 이상, 중국의 판다XPandaX는 무려 2400미터 깊이에 실험실을 만들었다. 윔프가 반응할 확률이 워낙 낮다 보니 다른 일반 입자의 잡음을 최소화하는 것이 관건이다. 이처럼 암흑 물질을 최초로 발견하려는 전 세계 과학자들의 경쟁이 치열하다.

　검출하는 방법은 그림 46처럼 윔프가 검출기 안의 일반 물질 원자를 때렸을 때 원자가 가속 운동하면서 내는 keV 정도의 미세한 빛을 광전자 증배관Photomultiplier으로 검출하거나 이때 발생하는 열이나 전류를 측정하는 것이다. 이 일반 물질들은 자체 방사능을 제거하기 위해 고순도여야 해서 가격도 매우 비싸다. 이런 무거운 원자들을 쓰는 이유는 당구공이 부딪힐 때처럼 충돌하는 두 입자의 무게가 비슷해야 에너지 전달이 잘 되는데, 윔프의 무게가 이들 원자와 비슷하다고 보기 때문이다. 광전자 증배관은 일종의 진공관으로 미약한 빛이 들어오면 광전 효과로 전자를 생성하고 강한 전기장으로 가속된 전자가 금속과 충돌해 더 많은 전자를 연쇄적으로 만들어 내는 신호 증폭기다. 반도체가 발명되기 전에 광센서로 많이 사용됐다.

깊은 땅속에도 암석의 방사선이 있으므로 안심하지 못한다. 암흑 물질이 아닌 일반 물질이 들어오는 것을 막기 위해 이중, 삼중의 차폐막도 설치해야 한다. 자연 방사선 입자 1조 개에 암흑 물질 하나 정도의 비율밖에 없기 때문이다. 암흑 물질은 특성상 차폐막이 거의 막지 못한다. 이렇게 공을 들여도 계산상으로 암흑 물질의 충돌로 나오는 빛은 1년에 한두 번 정도이므로 낚시꾼이 물고기를 기다리듯 지루한 인내가 필요하다. 그러나 그 인내의 대가는 달다. 세계 최초로 암흑 물질을 발견한 영예와 노벨물리학상이 기다린다. 설혹 윔프가 발견되지 않더라도 암흑 물질 후보에서 제외할 수 있으므로 그 나름 과학적으로 의미가 있다.

한국에도 이런 암흑 물질 검출기가 있다. 강원도 양양에 있는 양수발전소Pumping-up electric power station다. 양수발전소는 만수 시나 심야에 잉여 전력을 이용해 펌프로 물을 산 위의 상부댐으로 옮기고 전기가 부족할 때 그 물을 다시 아래로 떨어뜨려 발전한다. 이 양수발전소는 산속에 발전용 물이 지나는 터널이 있는데, 이곳 지하 700미터에 2005년부터 한국 암흑 물질 탐색 실험(Korea Invisible Mass Search: KIMS)이라는 검출기가 작동하고 있다. 이 실험은 물리학자인 김선기, 김영덕,

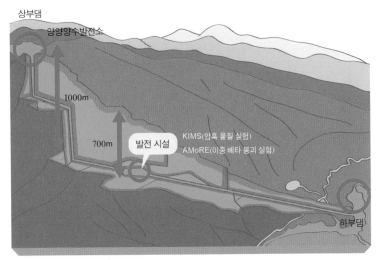

상부댐
양양양수발전소
1000m
700m
발전 시설
KIMS(암흑 물질 실험)
AMoRE(이중 베타 붕괴 실험)
하부댐

그림 47 양양 지하 실험실의 개략도.

김홍주 등 '3김 씨'의 주도로 시작해서 이런 재밌는 이름을 붙였다.

KIMS는 가로 세로 높이 약 30㎝에 불과한 고순도 요오드화 세슘(CsI) 결정체 묶음을 3톤의 구리, 30톤의 납으로 밀폐한 수미터 크기의 구조로 돼 있다. KIMS 실험은 초창기에 연구비가 끊겨 전기료도 못 내는 어려움에 처하기도 했지만 지금은 기초과학연구원(IBS)의 연구단 중 하나다.

납은 주변의 방사능을, 구리는 빛을, 폴리에틸렌은 중성자를 막고 채워진 질소는 공기 중 방사능 라돈의 영향을 줄인다. 우주선 입자가 들어왔는지는 섬광 검출기로 체크한다. 이렇게 이중, 삼중으로 막아도 암흑 물질뿐 아니라 외부 입자가 새어 들어온다. 마치 경찰 열 명이 도둑 하나 못 잡는 셈이니 그만큼 어려운 작업이다. IBS 지하 실험 연구단은 암흑 물질 탐색 분야의 주요 연구팀 중 하나로서, 세계적 경쟁력

그림 48　KIMS 검출기에 사용된 고순도 요오드화 세슘(CsI) 결정.

을 갖추기 위해 강원도 두타산의 더 깊숙한 곳에서 성능이 향상된 탐색 장비를 갖추고, 연구실 규모도 30배로 늘려 암흑 물질 탐색과 이중 베타 붕괴 연구를 할 계획이다.

　그동안 물리학계에서는 윔프 암흑 물질의 검출을 둘러싸고 논란이 벌어졌다. 우리 은하에도 암흑 물질이 가득 차 있고 태양이 은하 중심을 초속 230킬로미터로 돌고 지구가 태양을 약 초속 30킬로미터로 공전하므로 지구에서 보기에 계절에 따라 암흑 물질의 바다를 거슬러 가는 속도가 바뀌어 '윔프의 바람'이 1년 주기로 바뀌는 것처럼 느껴진다. 마치 차를 타고 날벌레 무리 쪽으로 달리는 것 같다. 여름에는 지구의 공전 방향이 태양계가 은하계를 도는 방향과 일치해 6월이 12월보다 10% 정도 지구의 공전 속도가 빠르다. 즉 그만큼 암흑 물질의 상대 속도와 유입량이 1년 단위로 변하므로 암흑 물질을 검출할 확률역시 달라질 것이고, 검출량은 시간의 사인 함수로 나올 것이다. 이런 변화를 검출했다는 연구팀이 있다.

이탈리아 중부 그란사소Gran Sasso 산 지하 1400미터에는 비밀스런 실험실이 있다. 로마와 아드리아 해를 연결하는 도로 터널 중간에 철문으로 닫힌 18만 세제곱미터의 이 거대한 실험실은 이탈리아 국가 핵물리연구소(INFN)의 지하 실험실이다. 우주 방사선을 막아 주는 천혜의 장소인 덕에 중성미자와 암흑 물질 연구의 메카 중 하나다. 이 연구소의 프로젝트 중 하나인 DAMA(DArk MAtter)는 감마선 검출 재료로 흔히 쓰이는 NaI(요오드화 나트륨) 결정 100킬로그램을 사용한 윔프 검출 실험으로 1998년과 2003년 약 10GeV에서 50GeV 정도의 윔프 입자를 검출했다고 발표했다. 또 1년 주기로 그 검출량이 규칙적으로 변하는 것을 확인했다고 주장했다. 그림 49와 같이 사인 곡선 형태로, 윔프 입자가 NaI 원자들과 충돌해 만든 빛의 에너지와 계절 변화 모두 윔프

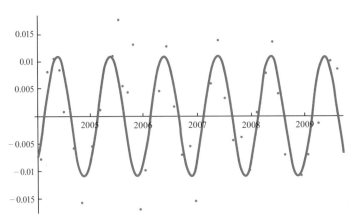

그림 49 DAMA/LIBRA에서 검출했다는 윔프 암흑 물질 검출 신호(점)의 연간 변화. 가로축은 연도이고 세로축은 검출 횟수에 비례한다.

이론이 예상하는 것과 같다는 것이다. 그 후 결정량을 250킬로그램으로 암흑 물질의 이런 연간 변화 효과를 (높은 신뢰도로) 다시 확인했다고 발표했다. 하지만 CDMS나 KIMS 등 다른 실험에서는 검출되지 않아서 궁금증을 자아냈다.

DAMA 실험에서는 개별 입자 검출보다는 연간 변화에 초점을 맞추므로 외부 방사선의 영향을 어느 정도 상쇄시킬 수 있다. 하지만 이와 유사한 실험을 한 다른 팀에서는 이 효과가 잘 발견되지 않고 있다. DAMA 측은 사용된 물질이나 검출 방식이 다른 실험과는 다르기 때문이라며 반박하고 있다. DAMA 결과를 부정하는 학자들은 계절별 전기 사용량 변화 또는 공기 중 방사능 라돈 가스량 변화 등 환경의 주기적 변화가 원인일 수도 있다고 추측한다. 하지만 아직도 DAMA 측이 옳다는 증거도, 실험이 잘못됐다는 결정적 증거도 나오지 않고 있다.

전 세계에는 이와 유사한 실험 장치가 20여 개 더 있다. CoGeNT (Coherent Germanium Neutrino Technology)[*]는 타깃 물질로 고순도 게르마늄, CDMS－II(Gryogenic Dark Matter Search, 극저온 암흑 물질 탐색 2)[**]는 실리콘, CRESST(Cryogenic Rare Event Search with Superconducting Thermometers, 초전도

---

[*] 미국 미네소타 주 수던 광산 지하에서 수행되는 실험으로 액체 질소로 냉각시킨 440그램의 고순도 게르마늄 결정에 윔프 입자가 충돌할 때 나오는 전류를 측정하는데 5GeV 정도의 비교적 가벼운 암흑 물질 입자까지 검출할 수 있다.

[**] 미국 미네소타 주 수던 광산 지하에서 수행되는 실험으로 절대 온도 0.05K로 냉각된 하키 퍽만 한 게르마늄과 실리콘 결정에 의존한다. 윔프 입자가 이들 원자를 때리면 포논이라는 원자들의 진동이 퍼지고 이것을 초전도체를 이용해 측정한다.

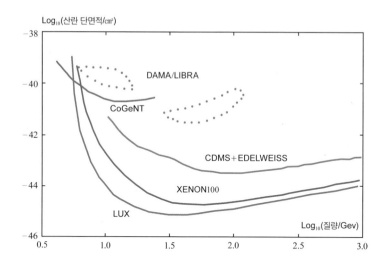

Log₁₀(산란 단면적/cm²)

그림 50 전 세계 윔프 검출기의 성능을 검출 가능한 윔프의 질량과 상호작용 크기(산란 단면적)
를 나타낸 표. 질량이 3이면 수소 질량의 약 1000배란 뜻이다. 각 장치는 곡선의 윗부분에 해당
되는 윔프 입자만을 검출할 수 있다. 그래프를 보면 DAMA(점선)가 측정했다는 신호를 다른 검출
기에서도 검출해야 하나 아직 확실히 보이지 않고 있다.

온도계를 사용한 저온 희소 사건 탐색)●는 텅스텐산 칼슘Calcium Tungstate 결
정을 쓴다. CRESST는 DAMA처럼 이탈리아 그란사소에 있다. 한때
CoGeNT과 CRESST는 DAMA/LIBRA처럼 10GeV 정도에서 비교적
가벼운 윔프 신호를 검출했다고 했으나 신호량이 작아 확실하지 않았
다. CoGeNT팀은 2009년에서 2011년까지 67건의 윔프 신호를 검출했
다고 밝혔지만 2014년 업그레이드된 실험에서는 이 신호를 검출하지

● 이탈리아 그란사소 지하에 설치된 장치로 1단계에서는 사파이어 결정, 2단계에선 CaWO4 결정을
사용했다. 윔프가 결정에 충돌할 때 나오는 미량의 열을 초전도 소자의 전류 변화로 측정한다.

못했다. 2011년 미국 미네소타 주 수던Soudan 지하 실험실의 CoGeNT 팀은 15개월간의 실험에서 DAMA가 발견한 것과 같은 신호의 연간 변화를 관측했다고 주장했다. (단순한 통계 오차일 확률을 20%로 계산했다.) 이 실험은 당시 화재로 데이터 수집이 중단된 상태였다. 같은 곳에 설치된 CDMS팀 역시 비슷한 질량의 윔프 신호를 발견했으나 연간 변화를 보진 못했다.

DAMA처럼 그란사소 산에 있는 제논(크세논)100XENON 100은 DAMA의 연구 결과를 부정했다. 이 장치는 암흑 물질의 충돌 과정에서 빛뿐만 아니라 전자들도 생성시켜 윔프의 3차원적 위치를 알 수 있어 더 정밀하다. 생성된 전자는 전기장을 따라 액체를 이동한 후 기체 상태의 제논에 부딪혀 네온사인처럼 두 번째 빛을 낸다. 이 팀은 2011년 액체 제논을 이용해 DAMA보다 더 정밀하고 민감한 실험을 6개월간 했으나 윔프 신호를 검출하지 못했다고 발표했다. 또 이들은 2015년 8월 〈사이언스〉와 〈피지컬 리뷰 레터스〉에 두 편의 논문을 실어 500일간 측정에도 DAMA가 발견한 연간 변화가 없음을 주장했다. 이 팀은 제논100을 20배 확대해 100배 더 민감한 제논1TXENON1T라는 측정 장치도 설치할 예정이다. 한국의 KIMS팀 역시 2007년과 2012년 두 차례 발표에서 모두 DAMA가 발견한 신호를 찾지 못했다는 결론을 냈다.

현재까지 가장 정밀한 윔프 검출 장치인 LUX 실험 장치는 270톤의 물탱크 안에 액체 제논 368킬로그램이 담긴 실린더로 사우스다코타의 한 광산의 지하 1500미터에 설치돼 있다. 이 실험 이전에는 제논 100킬로그램을 쓰는 제논100이 있었는데, 이보다 타깃 양을 늘리고 배경 잡음을 줄여서 이전 실험들보다 20배 이상 감도를 높였다. LUX

그림 51 미국 사우스다코타의 LUX 실험 장치. 270톤의 물이 중앙의 검출 장치를 외부 방사선
으로부터 보호한다.

실험 장치가 현재까지 나온 직접 검출 중 가장 정밀한데도 2015년 12
월 발표한 논문을 보면 역시 아무런 윔프 신호를 검출하지 못하고 있
어 이전 다른 팀의 검출 주장을 반박하고 있다. 2014년에는 DAMA의
검출은 중성미자와 뮤온이 검출기 주변 물질에서 중성자를 발생시켜
일어난 현상이라고 보는 논문도 나왔다. 앞으로 DAMA팀이 사용했던
방식을 정확히 재현해야 이 문제가 완전히 해결될 듯하다.

간접 검출

암흑 물질을 검출하는 또 다른 방법은 간접 검출이다. 간접 검출은 암
흑 물질 입자와 반입자가 쌍소멸해서 생기는 고에너지 빛이나 전자
를 측정함으로서 간접적으로 입증하는 방법이다. 예를 들어 J/ψ 입자

를 발견해 1976년 노벨물리학상을 수상한 미국의 물리학자 새뮤얼 팅 Samuel Ting(1936~)이 제안한 알파 자기 분광기(Alpha Magnetic Spectrometer: AMS)다. 팅은 입자 가속기의 검출기를 대기의 영향이 없는 우주 공간에 띄워 고에너지 우주선을 분석하면 지상보다 1만 배 이상 검출 성능을 높일 수 있다는 제안을 꾸준히 해왔다. 우주 공간은 초신성, 블랙홀, 중성자성, 빅뱅 과정 등에서 나온 온갖 고에너지 입자들이 정신없이 돌아다니는 곳으로, 어떤 입자들은 LHC에서 만들어진 입자들보다 높은 에너지를 가지고 있다. 가히 자연의 입자 가속기라 할 만하다. 특히 지구 대기의 물질과 금방 반응하는 반물질을 우주에서 조사할 수 있는데, 왜 물질이 반물질보다 많은지 힌트를 얻을 수 있다. 미국 에너지부의 승인을 받아 2011년 우주 왕복선 인데버호에 실려 국제 우주 정거장(International Space Station: ISS)에 설치된 AMS는 무게가 7.5톤에 달하는 큰 장치다. 전력 소모가 커서 단일 위성으로는 만들지 못하고 국제 우주 정거장에 붙이게 됐다.

2013년 AMS팀은 우주에서 680만 개의 양전자positron(전자의 반입자)와 전자를 측정해서 (그 비율을 1% 오차 내로 알아내고) 10GeV에서 250GeV의 에너지대에서 양전자의 비율이 증가함을 포착했다고 밝혔다. 이 경향은 시간과 방향에 무관했고 뉴트랄리노neutralino 같은 웜프 암흑 물질 쌍소멸의 결과로 나오는 전자와 양전자의 스펙트럼과 비슷하다는 것이다. 이런 결과는 이미 PAMELA(Payload for Antimatter Exploration and Light-nuclei Astrophysics) 프로젝트*에서 보고된 적이 있다. 하지만 이

● PAMELA는 러시아의 Resurs – DKI 위성에 장착된 반물질 우주선 검출 장치다.

그림 52 국제 우주 정거장에 설치된 AMS 탐지기. 영화 〈그래비티Gravity〉의 한 장면이 떠오른다.

것이 진짜 웜프의 신호인지는 확실치 않다. 우선 양전자를 더 흔한 양
성자와 구분하기가 쉽지 않은 데다, 일반 천체에서 나오는 반입자일
수도 있기 때문이다. 한국의 경북대학교와 이화여자대학교 연구팀도
AMS의 초전도 자석 개발에 기여하고 있으며, 우주 환경에서의 대형
연구 시설에 대한 전력과 온도 제어 기술 등 첨단 기술을 습득하며 관
련 인력을 양성 중이다.

　간접적으로 웜프를 확인하는 다른 방법은 태양이나 은하 중심처
럼 암흑 물질 농도가 높은 곳에서 웜프 입자들이 쌍소멸하면서 내놓
는 고에너지 중성미자, 반입자, 감마선을 측정하는 것이다. 감마선은

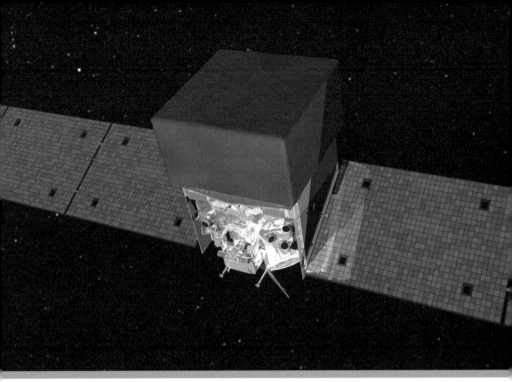

그림 53　페르미 감마선 관측 우주 망원경.

파장이 가장 짧은 빛인데, 냉전 시대 적국의 핵실험에서 나오는 감마선을 볼 수 있는 위성을 우주에 띄운 것이 감마선 위성의 시초였다. 이런 위성을 천문 관측용으로 만들어 중성자성 충돌이나 초거대 블랙홀 등에서 나오는 감마선을 연구할 수 있는데, 그중 하나가 '페르미 감마선 관측 우주 망원경FGST'이다.

　　2014년 미국 여러 대학의 물리학자들이 페르미 위성의 감마선 자료에서 알려진 감마선 방출원을 지우고 나면 우리 은하 중심부에서 질량 30~40GeV 암흑 물질의 쌍소멸로 생기는 감마선이 확인된다고 주장했다. 하지만 이런 간접적 검출 방식은 암흑 물질 말고도 펄사나 초신성, 블랙홀 같은 다른 방출원을 완벽하게 제거할 수 없다는 본질적 문제가 있다. 반면 왜소 은하는 주로 암흑 물질로 이뤄져 있어서 이런 다른 방출원이 거의 없는데, 같은 해 발표된 왜소 은하의 감마선 관측 결과에서는 이런 암흑 물질에서 비롯된 여분의 감마선이 거의 관측되지 않아서 살아남는 윔프의 후보 범위가 좁아졌다. 이전에도 EGRET(Energetic Gamma Ray Experiment Telescope) 실험[*]에서 1GeV 이상 스펙트럼에서 감마선 초과가 발견됐다. SPI/INTEGRAL(INTErnational Gamma-Ray Astrophysics Laboratory)[**]은 은하 중심에서 511keV의 감마선을 검출했지만 암흑 물질 쌍소멸이 그 근원인지는 여전히 확실치 않다.

암흑 물질을 간접 검출하는 또 다른 방법은 태양이나 은하 중심에서 암흑 물질이 쌍소멸하면서 내는 중성미자를 지구의 안타레스 ANTARES[***]나 아이스큐브IceCube 중성미자 망원경으로 측정하는 것이다. 아이스큐브는 남극 아문센-스콧 기지 얼음 속 1~2킬로미터 지점에 광센서들을 줄로 주르륵 매달아 두어 TeV 정도의 고에너지 중성미자가 지나갈 때 얼음과 충돌해 내는 체렌코프 복사를 측정하려는 장치다. 2013년에는 태양계 밖에서 온 고에너지 중성미자 28개를 측

---

[*] EGRET는 NASA의 콤프턴 감마선 관측 위성의 네 가지 관측 장치 중 하나로, 저에너지 감마선을 측정한다.

[**] INTEGRAL은 유럽우주국에 의해 발사된 감마선 관측 위성으로, 페르미 위성 전에는 가장 감도가 좋은 위성이었다.

[***] ANTARES(Astronomy with a Neutrino Telescope and Abyss environmental RESearch project)는 프랑스 툴롱 인근 지중해 수심 2.5킬로미터에 설치된 중성미자 측정기로 지구 남반구에서 지구를 뚫고 올라오는 중성미자를 측정하는 장치다.

정했다고 발표했다. 이 중성미자가 암흑 물질 붕괴로 나오는 것인지는 불확실하다.

후보 '차가운 암흑 물질'이 암흑 물질이 되려면

앞서 보았듯이 윔프같이 상호작용이 거의 없는 차가운 암흑 물질은 검출된 적은 없지만 이상적인 암흑 물질 후보다. 차가운 암흑 물질과 우주 상수를 고려한 가장 각광받는 모델인 ΛCDM 모델에 근거한 우주 거대 구조 형성 수치 시뮬레이션 결과도 은하단 이상에서는 관측된 구조와 일치한다. 그러나 은하나 그 이하 척도에서 수치 계산해 보면 관측 결과와 달라 놀라움을 준다.

예를 들어 차가운 암흑 물질 수치 계산은 은하 중심부로 갈수록 암흑 물질 밀도가 1/r꼴로 급격히 커진다고 예측하지만(cusp) 실제 암흑 물질로 주로 이루어진 왜소 은하의 회전 곡선을 관측해 보면 중심부의 암흑 물질의 밀도가 일정해지는 편평한 분포(core)를 보여 큰 차이가 있다(core - cusp 문제).

또 큰 은하를 도는 왜소 은하들을 관측된 것보다 훨씬 많이 예측한다(사라진 위성 은하missing satellite 문제). 은하 디스크의 각운동량도 실제보다 작게 예측한다. 이 계산이 예측하는 무거운 왜소 은하는 관측에서 별로 안 보인다(too big to fail 문제). 암흑 물질로 이뤄진 가장 작은 암흑 물질 천체는 왜소 은하인데, 그 이유가 분명치 않다. 왜 암흑 물질로 된 은하보다 작은 별이나 행성은 없는 걸까? 이런 은하들의 특성은 암흑 물질이 만드는 천체는 더 이상 줄어들 수 없는 최소 길이가 있음을

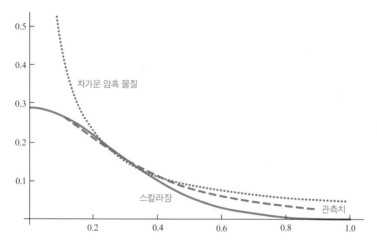

0.5

0.4

차가운 암흑 물질

0.3

0.2

0.1

스칼라장

관측치

0.2　　　　0.4　　　　0.6　　　　0.8　　　1.0

그림 54　왜소 은하의 중심부에서 거리에 따른 암흑 물질 밀도. 차가운 암흑 물질 이론에서는 관
측치와 달리 중심부에서 밀도가 발산한다. 관측값은 오히려 스칼라장 이론의 예측과 비슷하다.

암시한다. 그런데 보통 차가운 암흑 물질들은 열에너지도 거의 없고 중
력 외에는 서로 상호작용도 없다고 여겨지므로 아무리 작은 천체라도
만들어져야 맞다. 수축을 막을 마땅한 압력이 없는 것이다. 더구나 작
은 천체일수록 더 많이 만들어져야 한다. 2014년에는 큰 은하를 도는
왜소 은하들이 거의 같은 평면에서 돌고 있다는 관측이 〈네이처〉지에
실렸는데, 차가운 암흑 물질 이론에서는 역시 이해하기 어렵다.

　이 문제들을 해결하기 위해 일반 물질의 역할을 살펴봐야 한다는
주장이 있다. 예를 들어 은하 중심의 밀도가 낮은 이유를 초신성이 계
속 폭발해 물질들을 날려 버렸기 때문이라고 해석하기도 하는데, 이
는 왜소 은하에서는 그런 초신성이 계속 생기기도 어려운데다가 다른
물질들도 다 날려 버린다는 문제가 있다. 위성 은하가 적은 이유도 실

제론 우주에 더 많이 있지만 그 은하의 별이 부족해 잘 안 보일 뿐이라는 주장도 있다. 그러나 더 정밀한 수치 계산에도 여전히 이런 문제들은 계속 남아 있다. 반면 앞서 말한 보존 응축된 스칼라 암흑 물질은 은하 크기 이상에서는 차가운 암흑 물질처럼 행동하고 은하 이하에서는 작은 천체 생성을 막는다. 그래서 스칼라 암흑 물질은 차가운 암흑 물질의 대안 중 하나로 연구된다.

최근 관측된 은하단 충돌에서도 이상한 현상이 발견되었다. 은하단의 물질들은 대량의 암흑 물질과 소량의 일반 물질인 고온의 은하 간 가스 그리고 별들로 주로 이루어져 있다. 두 은하단이 충돌할 때 암흑 물질은 중력 이외의 상호작용을 하지 않는다고 여겨지므로 약한 중력 렌즈 현상으로 그 분포를 추정할 수 있다. 물론 암흑 물질은 눈에 안 보이므로 컬러 사진에선 보통 푸른색 구름으로 합성해 표현된다. 별(은하)들도 밀도가 희박해 사실상 서로 충돌을 거의 하지 않는다고 가정할 수 있는데, 점들로 표현된다. 그러나 고온의 성간 가스는 널리 퍼져 있고 전기를 띠기 때문에 은하단 충돌 시 강한 충돌로 인해 X선을 방출한다. 이는 X선 검출 위성인 찬드라 위성Chandra X-ray Observatory 등으로 가스의 분포를 관측할 수 있다. X선도 눈에 보이지 않지만 주로 붉은 색 구름으로 표현된다.

따라서 두 은하단의 격렬한 충돌 와중에도 암흑 물질과 별들은 거의 충돌 없이 스쳐 지나듯 같이 몰려다니고 가스는 서로 충돌하며 진로를 방해해 중심에 남게 된다. 그림 55의 총알 은하단을 관측한 결과는 이 예측과 일치한다. 마치 총알 같은 가스가 물체를 뚫고 가는 것처럼 보인다고 해서 붙여진 별명이다. 그림에서 보듯 암흑 물질에 의한 약한 중력 렌즈 효과에서 구한 암흑 물질의 분포와 가스의 분포가

1.5

그림 55 총알 은하단. 두 은하단이 충돌해서 중심부의 고온의 가스는 상호작용으로 남아 있고 암흑 물질들은 서로 스쳐 지나가 외곽에 있다.

일치하지 않는다는 점은 암흑 물질이 존재한다는 증거다. 성간 가스도 무거운데 중력 렌즈 현상이 별로 없기 때문이다. 암흑 물질끼리 상호작용이 있다 해도 아주 약하다. 그런데 문제는 이런 은하단의 충돌 속도가 차가운 암흑 물질을 이용한 우주 구조 컴퓨터 시뮬레이션이 예상하는 것보다 일반적으로 훨씬 크다는 점이다.

더 이상한 경우는 아벨-520 은하단의 충돌이다. 이로 인해 가스뿐 아니라 암흑 물질도 중간에 모였지만, 별, 즉 은하만 외각으로 튕겨

그림 56　아벨-520 은하단. 암흑 물질과 가스가 충돌 지점 중앙에 모여 있고 별들은 외곽에 흩어져 있다. 암흑 물질이 서로 충돌을 한 것일까?

져 나간 모습을 보인다. 기존의 충돌 없는 암흑 물질 이론으로는 이를 설명하기가 어렵다. 이런 다양한 은하단의 충돌 양상은 암흑 물질이 기존에 생각했던 차가운 암흑 물질보다 복잡하며, 암흑 물질이 여러 종류거나 암흑 물질 간에 상호작용이 있을 수도 있음을 암시한다. 또 은하단의 암흑 물질 분포가 차가운 암흑 물질의 예상과 다르다는 연구도 있다. 하지만 2015년 영국과 프랑스 연구팀이 허블 망원경과 찬드라 X선 위성을 이용해 72개의 은하단을 관측한 내용을 〈사이언스〉

지에 발표했는데, 관측 결과는 암흑 물질이 중력 외에 자체 상호작용이 거의 없다는 주장을 뒷받침한다.

　암흑 물질의 세계가 생각보다 복잡해 보이자 다양한 아이디어들이 쏟아져 나왔다. 일반 물질이 다양한 게이지 입자를 주고받으며 상호작용한다면, 암흑 물질이라고 해서 그런 상호작용을 못할 것이 무엇인가? 암흑 물질에만 작용하는 게이지 입자인 암흑 빛dark light도 생각해 볼 수 있다. 또 암흑 물질 사이의 힘dark force이나 암흑 물질 원자, 심지어 암흑 물질로 된 외계인과 외계 문명도 생각해 볼 수 있다. 뭐 어디까지나 상상은 자유다.

　이런 차가운 암흑 물질의 문제들을 해결하기 위해 윔프끼리 상호작용이 강하다는 가설(self interacting dark matter: SIDM) 모델이 있지만 헤일로를 관측보다 더 구형으로 만들고 총알 은하단의 결과와도 잘 맞지 않는다. 총알 은하단을 관측한 결과, 상호작용은 아주 약하다고 본다. 이 값은 이 암흑 물질이 은하의 중심부 밀도 문제를 해결하기엔 너무 작다. 상호작용이 속도에 따라 바뀌는 모델만이 살아남을 수 있다.

중력파의 발견과 급팽창 우주론

우주 탄생 직후 가속 팽창이 있었는데, 이를 급팽창(인플레이션)이라 한다. 수십억 년 뒤의 가속 팽창과 다른 것이다. 태초에 밀도 요동은 어떻게 생긴 것일까? 1960년대까지 우주는 빅뱅 후 물질들이 서로 중력으로 끌어 당겨 우주의 크기 R이 늘어나는 속도가 줄어드는 감속 팽창을 한다고 여겨졌다. 빅뱅 이론에 따르면 우주는 최초의 원인을 알

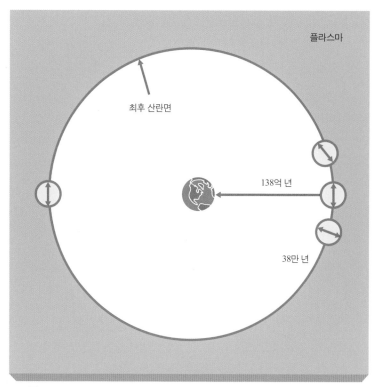

플라스마

최후 산란면

138억 년

38만 년

그림 57 빅뱅 이론의 지평선 문제. 서로 상호작용을 한 적이 없는 여러 지역의 우주 배경 복사 온도가 거의 같은 이유는 무엇인가? 작은 원은 재결합 당시 우주의 지평선 크기.

수 없는 폭발 후 빛 지배기와 물질 지배기를 거쳐 가며 감속 팽창하고 있다. 이는 우주 관측 결과와 잘 일치해 표준 빅뱅 모델이란 명예로운 이름을 얻었지만 문제점이 여전히 남아 있다. 예를 들어 입자물리학의 대통일 이론에 따르면 우주 초기에 많이 생성된 자기 홀극magnetic monopole(자석의 N극이나 S극 중 하나만 있는 입자)이 지금도 남아 있어야 하는데, 아직 관찰되지 않고 있다. 이를 자기 홀극 문제라 한다.

또 지구에서 봤을 때 우주의 왼쪽과 오른쪽에서 오는 우주 배경 복사는 서로 만날 시간적 여유가 없을 텐데 왜 매우 비슷한가 하는 지평선 문제가 있다. (그림 57을 참조하라.) 지구에서 멀어질수록 과거를 보는 것이다. 우주 나이 38만 년 이전의 우주는 빛과 물질이 플라스마로 섞여 있어 안개 낀 듯한 상태로 지구에서는 전자기파로 볼 수 없다. 중력파나 중성미자로만 볼 수 있다. 지구에서 볼 수 있는 것은 재결합 시점에 빛이 플라스마에서 자유롭게 나와 우리 쪽으로 오기 시작하는 시점인데, 지구에서 보면 구면처럼 보이는 최후 산란면이다. 비유하자면 우리가 태양의 표면이라고 생각하는 것도 태양의 최후 산란면이다. 사람이 우주 나이 38만 년에 살았더라면 전파가 아니라 맨눈으로 볼 수 있는 최후 산란면이 자기를 중심으로 구면처럼 둘러싸고 있는 것을 봤을 것이다. 지금은 그 최후 산란면이 138억 년이란 긴 세월을 지나 우주 배경 복사로 지구에 도착했다.

문제는 지금 지구에서 보는 최후 산란면은 우주 나이 38만 년 때의 지평선, 즉 빛이 달려서 도달할 수 있는 거리보다 무척 크다는 것이다. 모든 물체는 빛보다 느리다. 그림 57에서 작은 원으로 그려진 이 영역은 원의 중심부에서 38만 년 동안 연락할 수 있는 지역을 나타낸다. 따라서 작은 원이 만나지 않는 지역은 서로 연락조차 할 수 없는 것이다. 그런데 왜 지구에서 본 우주 배경 복사는 방향이 다른데도 측정하기 힘들 정도로 그 차이가 없는가? 이건 인과율causality을 깨는 것이다. 마치 전국에서 모인 학생들 전원이 얼굴과 키와 몸무게까지 다 똑같은 것과 마찬가지로 소름끼치는 일이다. 또 관측 결과, 현재 우주의 밀도 계수는 $\Omega_0 = 1$ 근처로 보이는데, 이것은 빅뱅 초기에 아주 정밀하게 밀도나 폭발 속도가 조절돼야 한다(평탄성 문제).•

이런 문제들은 한마디로 우주가 왜 이리 오래됐고 왜 이리 크며 왜 이리 균질한가 하는 질문이다. 아주 특별한 초기 조건이 없다면 프리드만 방정식에 따라, 우주가 아주 짧은 시간에 수축해 사라지거나 반대로 물질이 거의 없는 텅 빈 진공인 채 계속 팽창했어야 하는데, 현재 우주는 아주 절묘한 중간을 택했다. 이런 미세 조정 문제는 창조주가 있다는 증거일까? 물리학자들은 이런 조정이 자연스럽게 생기는 메커니즘을 발명해 냈다.

빅뱅 우주의 문제를 해결하기 위해 1979년 미국의 물리학자 앨런 구스Alan Guth(1947~) 등은 빅뱅 초기에 아주 짧은 시간 동안 우주의 크기가 기존 빅뱅 이론의 팽창보다 더 어마어마하게 커지는 급팽창(인플레이션) 기간이 있었다는 가설을 제시했다. 현재 우주는 원래 우주의 아주 작은 영역이 뻥튀기처럼 커진 것이라고 한다면, 위의 문제들이 해결된다. 이런 기하급수적인 팽창을 하려면 아인슈타인이 포기한 우주 상수 같은 어떤 에너지 항을 다시 도입해야 한다. 우주 상수가 지배적인 에너지가 되면 앞서 봤듯이 우주는 기하급수적으로 급팽창을 하기 때문이다. 하지만 우주 상수보다 엄청나게 에너지가 커야 한다.

빅뱅 우주론의 문제를 해결하기 위해선 우주는 탄생 직후 단 10^{-33}초 만에 약 10^{26}배 이상 커져야 하는데, 상상도 하기 힘들 정도로 큰 폭발이다. 비유하자면 1미터짜리 자가 이 짧은 순간에 현재 우주 크기 정도로 자란 셈이다. 인플레이션을 일으키는 물질을 인플라톤

● 빅뱅 시 우주의 밀도가 특정 값보다 약간이라도 크면 나중의 우주는 쉽게 닫힌 우주가 되고 밀도가 약간이라도 작으면 열린 우주가 된다. 관측된 우주는 편평한 우주로 아주 정확하게 이 중간 값을 가지는데 어떻게 우주가 이런 정밀한 초기 조건을 가지게 됐는가 하는 문제다.

inflaton이라 하는데, 암흑 에너지와 비슷하지만 연관성은 불분명하다.

급팽창은 평탄성 문제를 해결한다. 지구의 지표면을 가까이서 보면 공 모양이 아니라 편평해 보인다. 이처럼 우주가 처음에 공 모양이었든 말안장 모양이었든 엄청나게 커져 버리면 우주가 휘어져 보이지 않는다. 편평한 공간으로 쫙 퍼지는 것이다. 지평선 문제도 해결된다. 급팽창이 엄청난 확대를 한 것이라면 현재 눈에 보이는 우주가 급팽창 전에는 아주 좁은 지역에 있었다는 얘기이므로 서로 정보를 주고받을 충분한 시간이 있는 것이다. 이처럼 급팽창 이론은 한꺼번에 빅뱅 이론의 모든 문제를 해결해 줄 만능 열쇠라서 대부분의 우주론 학자들은 사실로 여기고 있다.

급팽창은 어떤 과정으로 일어나는 걸까? 가장 그럴싸한 이론은 힉스 입자가 상전이를 일으키는 메커니즘을 흉내 내는 것이다. 힉스 입자 같은 보존은 같은 상태로 모이길 좋아한다. 온도가 높을 때 제각각 움직이던 힉스 입자들이 온도가 내려가면 한 상태로 모두 모이는데, 이를 응축condensation이라 한다. 응축을 하면 전기장과 비슷하게 힉스의 장이 공간에 쫙 형성된다. 쿼크나 전자들은 이 힉스장에 충돌하게 되어 그 움직임이 걸리적거리게 된다. 움직임이 둔해진다는 것은 뉴턴의 제2법칙에 의해 질량이 생긴 것과 같다. 이런 이유로 쿼크나 전자들은 힉스 입자로부터 질량을 얻게 되는 것이다. 이때 약전력은 약력과 전자기력 두 힘이 분리된다는 것이 힉스 메커니즘인데, 자발적 대칭성 붕괴라고 부르기도 한다. 이 과정이 수증기가 응축돼 물이 되는 현상과 비슷하다 해서 상전이라고도 한다.

이 아이디어를 우주의 극 초기에 적용해서 힉스 입자 비슷한 어떤 스칼라 입자(인플라톤 ϕ)가 있고 우주의 온도가 내려가 상전이가 일어

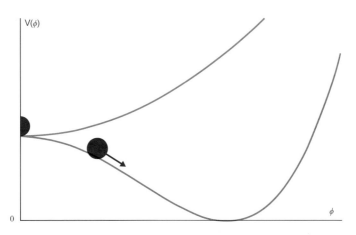

그림 58 우주의 온도가 내려가면 위치에너지 모양이 아래처럼 바뀌고 인플라톤은 서서히 내려온다. 바닥에서는 좌우 진동 끝에 일반 물질로 바뀐다.

나는 과정에서 인플레이션이 일어난다는 것이다. 이 상전이 과정을 인플라톤의 위치에너지 $V(\phi)$를 이용해 설명해 보자. 상전이 과정은 언덕에서 공이 굴러가는 것에 비유할 수 있고 그 언덕은 장의 함수인 위치에너지를 상징한다. 그림 58을 보라. 검은 공은 인플라톤 입자가 공간에 얼마나 응축돼 있는지를 나타내는데, 우주의 온도가 높을 때는 인플라톤의 응축은 일어나지 않는다. 그때는 언덕이 우물 모양이고 공은 바닥에 있다. 우주의 온도가 내려가면 위치에너지가 그림처럼 아래로 변하고 이제 공은 불안정해진 원점에서 벗어나 서서히 굴러 내려가서 새로운 바닥에 도달한다. 이것이 바로 인플라톤의 응축에 해당된다. 물리적으론 인플라톤 입자들이 힉스 입자처럼 같은 상태로 몰려마치 전기장이나 자기장 같은 강력한 장을 공간 전체에 일정하게 형성한다. 그 과정 중에 이 장들이 천천히 커지면 거의 일정한 위치에너지 때문에 생기는 우주의 가속 팽창이 바로 급팽창이라는 것이다.

언덕의 기울기가 매우 편평하면 새로운 바닥에 도달하기까지 인플라톤은 아주 천천히 내려가고 그 과정 중에는 새로운 바닥과 현재 공의 위치 차이 때문에 거의 상수인 위치에너지를 가지게 된다. 달리 말해 공간에 꽉 찬 인플라톤 위치에너지가 우주 팽창에도 변하지 않는 일정한 에너지 밀도를 준다는 얘기다. 이런 변하지 않는 에너지는 우주 상수와 비슷한 역할을 할 수 있고 지수 함수적으로 급팽창하는 드 지터de Sitter* 우주를 만들어 낸다. 인플라톤이 진짜 바닥에 도달하면 인플레이션은 더 이상 위치에너지가 없으므로 끝난다. 인플라톤은 바닥에서 좌우로 진동하며 결국 그 운동에너지는 공이 바닥에서 마찰로 에너지를 잃듯 일반 물질로 변환된다.

풍선을 크게 불면 풍선 표면의 울퉁불퉁한 굴곡들이 모두 매끈하게 펴지는 것을 볼 수 있다. 마찬가지로 우주가 급팽창하면 그 이전의 흔적들이 말끔히 지워지게 된다. 그럼 태초의 밀도 요동은 어떻게 생길까? 대신 양자 역학에서는 아무것도 없는 진공에서조차 불확정성 원리에 의한 진공에너지의 요동이 생긴다. 따라서 급팽창 중에는 길이 척도에 무관하게 일정한 물질의 밀도 요동이 순전히 양자 효과로 새로 창조될 수 있는 것이다. 이 요동이 우주 배경 복사의 요동의 기원이란 것이 주류 의견이다. 현재 우주의 은하나, 행성, 지구나 인간 같은 존재들은 전부 이 태초의 미미한 양자 요동 덕에 생긴 것이다.

인플레이션 이론의 장점은 우주가 급팽창 도중, 양자 역학에 의한

● 네덜란드의 천문학자 빌렘 드 지터Willem de Sitter(1872~1934)가 1917년에 제안한 일반 상대론적 우주 모형이다.

불확정성 때문에 밀도 요동이 생기고 이 밀도 요동이 나중에 은하 등이 생길 수 있는 앞서 말한 '씨앗'이 된다는 것이다. 위의 비유로는 양자 역학의 불확정성 원리 때문에 공의 위치를 정확히 알 수 없고 바닥으로 내려가는 시간이 공간의 위치마다 다르다는 것이다. 이 시간 차이가 위치에너지의 공간적 요동으로 바뀌고 그 에너지는 나중에 물질로 바뀌므로 결국 COBE가 발견한 밀도 요동으로 바뀌는 것이다. 급팽창 이론에서는 장이 천천히 바뀌려면(공이 천천히 내려오려면) 위치에너지 모양이 매우 편평해야 되는데, 이는 양자장론에선 부자연스러운 일로 계수들을 미세 조정을 해야 하는 문제가 남아 있다.

LHC에서 발견된 힉스 입자와 관련된 약전 상전이가 과거 우주에 있었다고 생각되므로 그 이전에 대통일 이론(GUT)의 상전이도 있었을 것이다. 급팽창의 상전이가 바로 이 상전이였다면 여러모로 자연스럽다. 우주 배경 복사 관측에 의하면 급팽창이 일어난 우주 온도는 10^{16}GeV 정도로 추정되는데, 우연인지 필연인지 GUT의 상전이 온도와 비슷하다.

급팽창 동안에는 밀도 요동뿐 아니라 중력파도 생길 수 있다. 중력파는 시공간이 물질의 격렬한 운동의 영향으로 시공간의 파동을 만들어 내는 것으로 일반 상대성 이론의 특징 중 하나다. 대기의 요동을 피하기 위해 남극에 설치된 우주 배경 복사의 편광을 재는 BICEP2[●]의 연구팀은 2014년 급팽창 중 발생한 중력파의 흔적을 우주 배경 복

[●] BICEP2(Background Imaging of Cosmic Extragalactic Polarization, 은하계 밖 우주 편광의 배경 이미징)는 남극 아문센-스콧 기지에 설치된 우주 배경 복사 탐사 전파 망원경으로 우주 배경 복사의 편광 신호를 탐지할 수 있다.

사 편광에서 찾았다고 발표해 큰 화제가 됐다. 우주 배경 복사도 전자 기파이므로 빛처럼 편광이 있다. 이 편광은 중력파가 지나가면 회전하는 특성이 있는데, 급팽창의 중요한 증거다. 이 특성을 찾아냈다는 것인데, 나중에 플랑크팀이 다시 조사해 보니 중력파가 아니라 우주 먼지에 의한 효과로 판명이 나 해프닝으로 끝나 버렸다.

그러나 드디어 2016년 2월 이형목, 강궁원 등 한국 연구자들이 포함된 LIGO(Laser Interferometer Gravitational-Wave Observatory)*팀은 13억 년 전 태양 질량 36배와 29배인 두 블랙홀이 충돌 합체됐을 때 발생한 중력파를 검출했다고 발표했다. 이는 아인슈타인의 일반 상대론이 옳다는 새로운 증거이며 블랙홀이 실존한다는 증거이기도 하다. 앞으로 배경 중력파도 발견될지 주목된다.

빅뱅 우주론의 또 한 번의 위기

암흑 에너지가 어떻게 등장하게 됐는지 역사를 되짚어 보자. 우주 배경 복사 요동 발견에 들뜬 천문학계는 1998년에 들어와 예상치 못한 또 다른 문제를 겪었다. 허블 계수나 물질의 비율 등 우주론의 기본 상수 값들에 학자들이 동의하지 못하고 있었다. 특히 허블 계수의 값

● 미국 워싱턴 주 핸포드, 루이지애나 주 리빙스턴에 위치한 레이저 간섭계 중력파 관측소로, 중력파 관측 시설을 갖추고 있다. 1992년 캘리포니아 공과대학교의 킵 손Kip Thorne과 로널드 드리버 Ronald Drever, MIT의 라이너 웨이스Rainer Weiss가 공동 설립하고 두 학교와 다른 대학 등이 참여하는 중력파 천문학의 공동 연구로 시작했다. 이후 연구 협업 조직을 확대 설립하면서 세계 900명 이상의 과학자들이 참여하게 된다.

이 50에서 80km/s/Mpc로 관측 팀마다 제각각이었다. 허블 계수가 큰 경우 그 역수인 우주의 나이가 100억 년대가 나와 오래된 별의 나이 인 150억 년보다 작게 추정됐다. (이후 오래된 별의 나이는 130억 년대로 수정 되었다.)

어머니가 자식보다 더 어린 이런 문제를 '나이 위기age crisis'라 하 는데, 빅뱅 이론의 폐기를 고려할 정도로 큰 골칫거리였다. 허블 계수 같은 기본 상수가 정해지지 않자 다른 물리량들도 덩달아 부정확해졌 다. 당시 과학 만평 중에는 허블 계수를 두고 난투극을 벌이는 천문학 자들을 그린 만화도 있었다.

이런 문제를 해결하기 위해 우주가 감속 팽창하는 정도를 재서 정확히 $k = 0$인 편평한 상태인지, 즉 우주에 암흑 물질이 얼마나 있 는지 알아보기 위해 초신성을 관측하던 두 연구팀은 충격적인 사실 을 알게 됐다. 우주의 팽창 속도가 줄어드는 것이 아니라 오히려 점점 빨라지고 있었기 때문이다. 앞서 말했듯이 그들은 폭발 밝기가 거의 일정한 1a형 초신성을 먼 은하의 거리를 재는 표준 촛불로 이용했다. 미국의 천문학자 애덤 리스Adam Riess(1969~)와 브라이언 슈미트Brian Schmidt(1967~)는 아주 먼, 그러니까 아주 오래전의 초신성을 관측하는 고-적색 이동 초신성 연구High-z Supernova Search팀을 이끌었다. 1998년 이 팀은 초신성 관측 결과 우주 팽창 속도가 점점 빨라진다는, 즉 가 속 팽창 중이라고 발표했다. 거의 동시에 미국의 천체물리학자 솔 펄머 터Saul Perlmutter(1959~)가 이끄는 초신성 우주론 연구Supernova Cosmology Project팀도 비슷한 결과를 발표했다. 이들은 허블 우주 망원경과 지상 의 망원경을 이용해 언제 터질지 모를 초신성을 기다렸다.

리스팀은 16개의 먼 초신성과 34개의 가까운 초신성을 관측해 광도 곡선에서 진짜 밝기와 겉보기 밝기의 차이로부터 거리를 알아냈다. 이것을 각 초신성의 적색 이동 함수로 그래프를 그리면 사실상 우주의 시간과 크기의 관계가 되는데, 암흑 에너지가 70~80% 정도 있을 때 그래프와 잘 일치했다. 이런 그림을 (앞서 설명한) 허블 다이어그램이라 한다. 펄머터팀은 42여 개의 초신성을 관측해 비슷한 결론을 얻었다. 결국 우주는 빅뱅 이후에 급속히 팽창하다가 팽창 속도가 느려진 후 다시 팽창 속도가 빨라졌다는 것을 알게 됐다. 재밌는 사실은 펄머터팀은 1997년 논문에서 암흑 에너지가 없다는 결과를 발표한 적이 있다는 점이다. 진공에 가득 찬 우주를 밀어내는 암흑 에너지라는 게 그만큼 파격적이고 받아들이기 힘든 개념이었다. 아인슈타인이 우주 상수를 도입할 때는 우주 팽창을 막기 위해서였는데, 이제는 우주 팽창을 설명하기 위해 우주 상수가 필요하다.

2000년 부메랑 우주 배경 복사(Balloon Observations Of Millimetric Extragalactic Radiation ANd Geophysics: BOOMERanG)*팀은 음향 봉우리를 발견해 우주의 밀도 계수가 거의 1이란 것, 즉 $\Omega_0 = \Omega_m + \Omega_\Lambda = 1$임을 알았고, 독립적으로 2dF(Two-degree-Field)**은하 적색 이동 관측Galaxy Redshift Survey팀은 망원경으로 관측한 은하들의 공간 분포로부터 물질은 30%, 즉 $\Omega_m = 0.3$밖에 안 된다는 것을 알게 됐다. 따라서 자연스런 결론은 $\Omega_\Lambda = 1 - \Omega_m = 0.7$이 돼야 하므로 암흑 에너지는 우주의 총 에

● 대기의 전파 흡수를 최소화하기 위해 42킬로미터 상공에 기구를 띄워 우주 배경 복사를 관측하는 연구팀. 2000년에 우주 배경 복사의 온도 요동으로부터 우주가 거의 편평하다는 것을 알아냈다.

●● 호주와 영국의 정부 지원으로 만들어진 3.9미터 영국－호주Anglo-Australian 망원경으로 한번에 2도의 범위를 관측할 수 있기에 이런 이름이 붙었다.

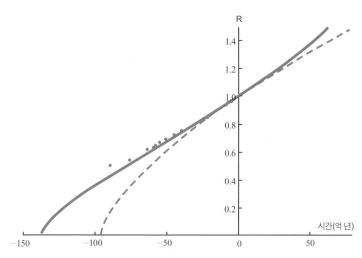

그림 59 우주 상수와 물질이 7 : 3인 경우(실선)와 물질만 있는 경우(점선) 우주의 크기 변화. 점 들은 펄머터팀의 초신성 측정으로부터 구한 우주의 크기 변화다. 시간 0이 현재다.

너지의 약 70%를 차지해야 했다. 초신성 관측 말고도 암흑 에너지가 존재해야 될 다른 관측 결과가 있는 것이다. 2010년에는 557개의 초 신성의 자료를 통해 우주의 가속 팽창을 재확인하는 연구가 나왔고, 2011년 펄머터, 슈미트, 리스는 우주의 가속 팽창을 발견한 공로로 노 벨물리학상을 받았다.

그림 59에서 그래프의 가로축은 우주의 시간을 나타내는데, 0이 현재다. 점들은 초신성을 관측하여 얻은 우주의 시간대별 크기다. 해 당 초신성의 겉보기 밝기로부터 광도 거리를 알아내 광속으로 나누면 초신성이 폭발한 과거 시점이 나온다. 가로축은 초신성에서 나온 빛의 적색 이동 z를 이용해 구한 당시 우주의 크기다. 초신성을 여러 개 관 측해서 그래프에 점을 찍으면 우주 크기가 어떻게 변해 왔는지 짐작

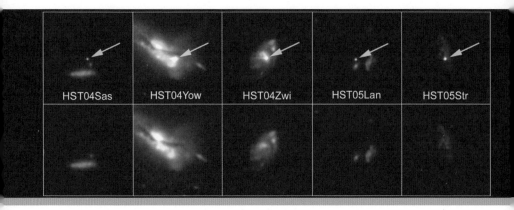

그림 60 허블 망원경이 관측한 먼 은하들의 Ia형 초신성들(위 화살표가 있는 밝은 점들). 아래는 원래의 은하 사진들.

할 수 있다. 곡선들은 우주의 물질 비율에 따른 이론 값이다. 암흑 에너지가 있을 경우에는 없는 때보다 우주가 같은 크기가 되는 시점이 더 과거인데(그래프에서 높이가 같은 점이 더 왼쪽에 있다), 이는 같은 z에 대해 초신성이 더 어두워 보인다(광도 거리가 더 크다)는 뜻이다. 이렇게 초신성이 적색 이동을 기준으로 예상보다 어둡다는 것이 실제 관측된 결과다. 초신성 관측 결과를 이론적인 공식과 비교해 보면 그림 59처럼 우리 우주는 암흑 에너지와 물질의 비율이 약 7 대 3일 때 가장 잘 설명된다는 것을 알게 됐다.

애덤 리스는 1992년 MIT를 졸업하고 1996년 하버드 대학에서 천문학 박사 학위를 받고 2년 후 슈미트의 팀에 들어가 겨우 스물아홉 살에 역사적인 업적을 냈다. 동양의 노벨상이 불리는 쇼Shaw상 등 수많은 상을 받은 후 결국 2011년 펄머터, 슈미트와 함께 노벨상을 손에 거머쥐었다. 이들은 인류가 우주에 대해 무지하다는 것을 깨우쳐 줘

그림 61 슈퍼컴퓨터로 계산된 우주 나이 30억 년의 암흑 물질 분포.

서 상을 받은 셈이다. 학자들 농담처럼 초신성supernova을 연구해 슈퍼
스타가 된 셈이다.

　　그림 60은 허블 망원경의 ACS 카메라로 찍은 다섯 은하의 초신성
사진이다. 이들의 절대 밝기가 알려져 있으므로 겉보기 밝기를 재는
초신성이 속한 은하의 거리를 알 수 있다. 그 결과 초신성들이 같은 적
색 이동 기준으로 볼 때 기존 이론보다 더 어두움, 즉 더 멀리 있음을
알게 됐다. 앞서 봤듯이 우주가 어느 시점부터 감속 팽창에서 가속 팽
창으로 돌아선다면 이런 현상을 잘 설명할 수 있으며, 우주의 나이도
허블 상수로 단순 추정한 것보다 더 오래됐다는 것을 알게 됐다. 하지
만 한 가지 문제의 해결은 더 큰 문제를 낳았다. 이 두 번째 가속 팽창
을 일으키는 암흑 에너지의 정체는 도대체 무엇인가? 이 문제는 암흑
물질의 정체보다 훨씬 풀기 어렵다.

　　사실 초신성 연구 이전에 이미 암흑 에너지의 존재를 주장한 연구

자들이 한국 과학자들을 포함해 여럿 있었다. 첫 번째 근거는 초은하단 같은 거대 우주 구조 관측이다. 1990년 영국의 천문학자 조지 에프스타티우George Efstathiou 등은 〈네이처〉에 실린 논문에서 암흑 물질이 대부분이라면 10Mpc 이상의 대형 구조물이 많이 보이는 것을 설명하기 힘들다고 우주 상수가 80% 정도 있어야 한다고 주장했다. 한편 세계 최대 규모의 우주 구조 형성 컴퓨터 시뮬레이션 연구로 유명한 고등과학원 박창범 교수 등도 1994년 암흑 에너지가 있거나 열린 우주여야 시뮬레이션 결과와 은하의 분포가 일치한다는 논문을 발표했다.

그림 61을 보면 슈퍼컴퓨터로 계산된 암흑 물질로 이뤄진 천체들이 보인다. 일반 물질은 이런 암흑 물질의 거미줄 모양의 구조 속에서 자란다. 이런 시뮬레이션 결과와 실제 은하들의 분포를 비교해 보면 어떤 우주 이론이 맞는지 검증할 수 있다. 먼저 초기 조건으로 우주 배경 복사에서 알아낸 초기 우주의 밀도 요동 분포를 사용하고 중력으로 암흑 물질 입자들이 서로 끌어당기는 운동을 계산한다. 이런 수치 계산 결과 역시 차가운 암흑 물질과 암흑 에너지가 3 대 7 정도 있는 모델과 잘 맞는다는 것이 알려졌다.

다른 학자들은 퀘이사 같은 아주 먼 천체에서 나온 빛이 중간에 은하의 중력에 의해 여러 개로 갈라져 보이는 강한 중력 렌즈 현상을 이용하여 우주 상수가 0이 아닐 가능성을 제기했다. 한 천체에서 나온 여러 상의 빛은 오는 경로가 다르므로 빛이 지구에 도달하는 데 시간차가 있다. 이 시간차는 우주의 팽창 속도와 무관하지 않으므로 가속 팽창 여부를 알 수 있었던 것이다. 하지만 같은 중력 렌즈 관측에도 암흑 에너지가 없다는 주장들도 있었기에 사실인지 확실치 않았다.

이미 다른 관측 연구가 있는데도 초신성 관측이 암흑 에너지의 확실한 증거로 인정받을 수 있었던 것은 서로 독립적이고 경쟁적인 두 팀이 같은 결론에 도달했기 때문이다. 이는 동료 사이의 검증이라는 과학계의 패러다임을 잘 보여 주는 사례다. DAMA팀이 암흑 물질 발견과 관련해 아무리 정밀한 결과를 내놓았어도 (현재까지) 다른 팀이 재현할 수 없어 인정받지 못하는 것과 같은 이치다.

우주 에너지의 약 3/4은 암흑 에너지가 차지하고 있다. 암흑 에너지의 특성에 따라 우주는 계속 팽창할지, 수백 억 년 후 모든 것이 사라질지가 결정된다. 암흑 에너지의 정체를 알아낸다면 인류의 과학 기술은 대변혁을 겪게 될 것이다. 그 충격은 뉴턴 역학이나 상대성 이론의 발견만큼 클 것이다. 이 장에서는 암흑 에너지의 정체를 밝히기 위한 과학자들의 시도를 살펴본다.

찬드라 망원경으로 관측한 은하단의 X선 분포. 은하단 외곽의 X선 분포 형태가 큰 은하단이나 작은 은하단이나 마치 러시아 인형처럼 비슷하다는 사실로부터 은하단의 밝기와 크기를 재면 우주의 팽창 속도가 어떻게 변해 왔는지 알 수 있다. 이런 연구 결과는 암흑 에너지가 우주 상수란 가설을 지지한다.

암흑 에너지를 찾아서

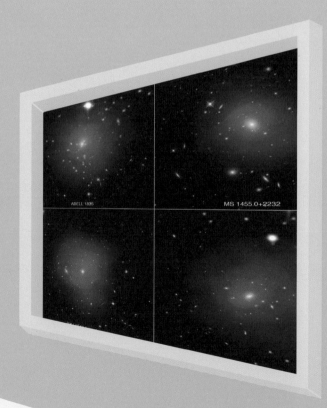

암흑 에너지를 찾아라

BOSS(Baryon Oscillation Spectroscopic Survey)
밝은 적색 은하와 퀘이사의 3차원 분포 지도를 재서
바리온 음향 진동을 알아내어 우주가 어떻게 팽창해
왔는지 조사한다.

암흑 에너지 탐사(The Dark Energy Survey: DES)
광시야 측광 관측으로 5억 7000만 화소의 암흑 에너
지 카메라와 칠레의 4미터짜리 빅터 M. 블랑코 망원
경을 이용해 암흑 에너지의 정밀한 성격을 알아내려
한다.

제임스 웹 우주 망원경James Webb Space Telescope

허블 망원경의 후속 망원경으로, NASA, ESA, 캐나다 우주항공국의 주도로 17개국이 개발에 참여하고 있고 아리안 5호에 실려 2018년 발사될 예정이다.

DESI(Dark Energy Spectroscopic Instrument)

미국 버클리 국립실험실이 주도하는 프로젝트에 사용되는 하와이 키트피크 국립천문대의 4미터짜리 메이올 망원경에 설치될 분광기. 한국천문연구원과 한국고등과학원도 참여한 이 프로젝트는 2019년부터 5년간 미국에너지부의 지원을 받아 우주를 관측한다.

SKA(Square Kilometer Array)

2018년 일부 관측을 시작하며, 2025년 완공을 목표로 남아프리카공화국과 호주에 분산 건설할 예정인 전파 망원경의 집합으로, 수천 개의 접시형 안테나가 모여 유효 면적 1세제곱킬로미터를 달성할 수 있어 붙은 이름이다. 수소에서 나오는 21cm 전파를 측정하여 암흑 에너지나 암흑 물질의 특성을 연구할 수 있다.

유클리드Euclid

유럽우주국(ESA)이 계획하는 우주 망원경으로, 가시광과 적외선 영역을 관측해 은하들이 변형된 모습과 적색 이동을 측정해서 중력 렌즈 현상과 바리온 음향 진동을 알아낼 예정이다(2020년 발사 예정).

JDEM(Joint Dark Energy Mission)

초신성을 관측하는 망원경 위성을 선정하려는 미국 에너지부와 NASA의 프로젝트다.

인류 역사상 최고의 난제
. . . .

현재 우주 에너지의 약 3/4은 암흑 에너지가 차지하고 있다. 또 우주를 팽창시키는 척력을 주기 때문에 전자기력, 약력, 강력, 중력 이외의 다섯 번째 힘으로 볼 수도 있다. 암흑 에너지가 어떤 특성을 갖고 있느냐에 따라 앞으로 우리 우주는 영원히 팽창할 것인지 아니면 수백억 년 후 모든 것이 찢겨져 사라지는 빅 립Big Rip(대파열)을 맞을지, 그 운명이 결정된다. 이런 중요한 암흑 에너지에 대해 실마리를 찾지 못하는 상황은 마치 지표면의 3/4를 덮고 있는 바다가 무엇으로 만들어졌는지 모르는 것과 비슷하다. 흔히 물리학자들은 암흑 에너지 문제는 중력과 양자론을 결합시키는 양자 중력quantum gravity이 완성돼야 해결된다고 생각한다.

우주의 가속 팽창은 기정사실이 되었지만 기존의 물리학으로는 설명할 방법이 없으므로 새로운 개념을 도입해야 한다. 간단한 방법은 아인슈타인의 일반 상대성 이론을 수정하는 것이다. 그러나 암흑 물질

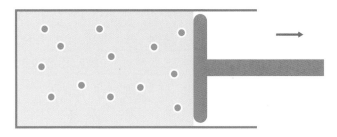

그림 62 일반 물질은 팽창하면 외부에 에너지를 준다. 반면 음의 압력을 가진 암흑 에너지는
팽창하면 오히려 에너지를 얻는다.

의 예에서 보듯 일반 상대성 이론은 여러 가지 실험이나 관측으로 입
증되었기에 이를 부정하기란 상당히 어렵다. 기껏해야 약간의 수정만
가능한 상태다. 두 번째 방법은 암흑 에너지라는 새로운 미지의 물질
을 도입하는 것이다. 사실 물질인지 아닌지도 모르지만, 앞에서 살펴
보았듯이 암흑 에너지는 음의 압력을 가진 이상한 물질이다. 음의 압
력이란 무엇일까?

　일반 물질이나 암흑 물질은 항상 양plus의 압력을 가진다. 실린더
에 든 공기처럼 외부에서 힘을 가해 부피를 늘이면 온도가 내려가고
실린더 안의 총 에너지는 같거나 작아진다. 물체가 팽창하면 외부 물
체를 밀어내고 일을 해 준다. 이 때문에 에너지 보존 법칙을 지키려
면 대신 내부 에너지가 줄어야 한다. 반면 압력이 음수인 암흑 에너지
는 부피가 커지면 오히려 내부 에너지가 늘어나는 성질이 있다. 어떻
게 이런 일이 가능할까? 공간에 일정하거나 거의 줄지 않는 에너지 밀
도가 있다면, 이런 공간 자체를 쭉 늘렸을 때 전체적인 에너지는 자동
으로 증가한다. 즉 암흑 에너지는 공간 자체의 에너지라고 볼 수 있다.
이 경우 실린더의 부피가 커질수록 실린더 안으로 더 많은 공간이 새로 들어오고 총 에너지는 늘어나게 된다. 이 에너지가 언제 어디서나 일정하면 아인슈타인이 제안한 우주 상수가 되는데, 이런 에너지를 암흑 에너지라 한다. 한마디로 우주에서 부피가 늘어날수록 오히려 총 에너지가 더 늘어난다면 암흑 에너지의 후보가 될 수 있다.

암흑 물질이 수수께끼라면 암흑 에너지는 인류 역사상 최고의 난제라고 할 정도로 정체가 오리무중이다. 과학자들이 전혀 감을 못 잡고 있기 때문이다. 암흑 에너지의 정체를 알아낸다면 인류의 과학 기술은 대변혁을 겪게 될지도 모른다. 그 충격은 뉴턴 역학이나 상대성 이론의 발견만큼이나 클 것이다. 그만큼 암흑 에너지는 기존 과학의 논리로 설명하기 매우 힘들다. 다음은 지금까지 암흑 에너지의 정체를 밝히기 위해 물리학자들이 악전고투하며 시도해 본 것을 살펴본다.

아인슈타인의 우주 상수

암흑 에너지가 언제나 어디서나 같은 값이란 모델이다. 실제 관측 결과에 따르면 암흑 에너지는 불변이거나 아주 천천히 변하고 있어 가장 적합한 모델이다. 아인슈타인은 우주가 수축하는 것을 막기 위해 아인슈타인 방정식에 우주 상수항을 도입했다.

우주 상수는 애초에 아무런 물리적 근거 없이 제시됐지만 물리적으로 보면 양자 역학에 의해 존재해야 되는 진공에너지(영점에너지zero-point energy)와 개념상 가장 비슷하다. 그러나 진공에너지는 심각한 문제점이 있는데, 그 값이 매우 부자연스럽게 작다는 점이다. 입자물리학에서는 모든 물질을 전기장 같은 장field이란 일종의 파동으로 본다.

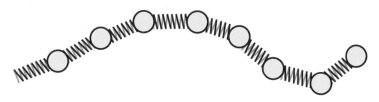

그림 63   장field은 무한개 스프링을 연결한 것으로 비유할 수 있다.

이 장들은 진공에서도 최저 에너지가 0이 아닌 진공에너지를 가진다. 이런 에너지가 있는 것은 공간에 퍼진 장을 무한개의 스프링처럼 탄성력이 있는 물체로 보기 때문이다(그림 63). 고전 역학에서는 가장 낮은 에너지가 0이다. 하지만 양자 역학에서는 이런 스프링이나 진자 같은 진동자들이 불확정성 원리 때문에 절대 온도가 0도여도 양자 요동에 의한 진동을 하고, 그 때문에 가장 낮은 에너지가 0이 아닌 유한한 값을 가진다고 본다. 따라서 양자 역학을 고려하면 양자장의 가장 낮은 에너지, 즉 진공에너지가 0이 아닌데 이 진공에너지가 마치 우주 상수 같은 역할을 한다.

진공에너지가 우주 상수란 생각은 놀랍게도 1930년대 조르주 르메트르가 처음 제안했다. 르메트르는 상대성 이론의 가정에 따라 진공에 대한 상대적인 운동을 물체가 느끼지 못하려면 진공에너지와 압력의 부호가 반대가 돼야 한다고 주장했다.

그런데 양자장론 계산에 따르면 이 진공에너지는 현재 우주의 에너지 밀도로부터 알 수 있는 암흑 에너지의 관측치 $10^{-29}g/cm^3$보다 무려 10^{120}배나 커야 하기에 엄청난 차이가 난다. 120배가 아니라 0이 120개 있는 엄청난 수다. 아마 인류가 계산한 양 중에서 실험치와 가장 오차가 큰 양일 것이다. 양자장론을 사용한 모델 중에서 이 값이 왜 이리 작은지 설명할 수 있는, 미세 조정이 없는 자연스런 모델은 아직 없으며 앞으로도 있을 것 같지 않다. 숫자를 120자리까지 정밀하게 상쇄해야 하기 때문이다. 초대칭을 도입하면 이 양을 좀 줄일 수 있으나 초대칭성 자체가 완벽한 대칭이 아니라 역시 한계가 있다.

이런 큰 숫자가 나온 역사는 다음과 같다. 흑체 복사를 발견해 양자 역학의 기초를 놓은 막스 플랑크는 고전 역학과 달리 주파수 v의 진동자(스프링같이 진동하는 물체)는 hv의 정수배만큼씩만 에너지를 가진다는 것을 발견했다. 그 에너지 덩어리가 양자(즉 광자)며 여기서 양자 역학이란 말이 나왔다. 1911년 그는 진동자들이 어떤 열에너지도 없는 절대 온도 0도에서도 항상 최소 $hv/2$만큼의 영점에너지를 가지고 진동한다는 것을 발견했다. 여기서 h는 플랑크 상수로 양자 역학을 상징하는 물리 상수다. 아무것도 없는 것처럼 보이는 진공도 아주 작은 영역을 보면 양자 역학의 불확정성 원리에 의해 에너지의 불확실성이 생기고 입자와 반입자가 끊임없이 쌍생성과 쌍소멸을 반복하는 다이내믹한 존재이기 때문에 이 영점에너지가 생긴다.

중성미자를 예측한 볼프강 파울리는 1946년 이 영점에너지는 물리적 실체가 없다고 주장했다. 왜냐하면 양자장이 무한개의 스프링과 같은 것이라면 각 스프링의 영점에너지들의 합도 무한이 돼야 하기 때문이다. 또 만약 공간의 최소 길이가 있어서 스프링 개수가 유한하다고 해도 그 에너지는 너무 커서 우주를 중력으로 금방 수축시켜 버리기 때문이다. 하지만 과학자들은 수소 원자에서 나온 빛의 스펙트럼을 정밀하게 측정한 결과 이 양자 역학적 에너지가 진짜 있음을 알게 됐다.

보통 물리학에서는 어떤 기준점 대비 에너지의 차이만 중요하지 에너지의 절댓값은 중요하지 않게 여기기 때문에 영점에너지가 무한대이든 아주 크든 빼주기만 하면 돼서 문제가 되지 않는다. 하지만 일반 상대성 이론에서는 질량이 아니라 에너지의 절댓값이 공식에 들어가기 때문에 맘대로 빼줄 수 없다. 만약 스프링의 최소 길이가 플랑크 길이(시공간 자체가 불확실해지는 아주 짧은 길이) 정도라면 계산된 영점에너지의 밀도는 현재 관측된 우주의 평균 에너지보다 10^{120} 정도가 크다.

또 우주 일치 문제cosmic coincidence problem라는 다른 문제가 있다. 우주의 가속 팽창은 지금부터 70억 년 전에 시작됐는데, 하필 왜 그 시점에서 가속 팽창이 시작됐는가 하는 것이다. 만일 우주의 가속 팽창이 조금 더 일찍 시작했더라면 물질이 다 흩어져 은하가 형성될 시간이 없었을 것이며 더 늦게 시작됐다면 암흑 에너지가 있다는 사실을 알기 어려웠을 것이다.

우주 상수 문제를 인간 원리anthropic principle로 이해하려는 사람도 있다. 인간 원리란 현재 우주가 이런 모양인 이유는 이렇게 생겨야만 이를 관찰할 수 있는 사람이 존재할 수 있기 때문이라는 것이다. 비유하자면 어떤 사람이 바다가 아니라 섬에 살고 있는 자신을 발견하고는 왜 자신이 그곳에 있는지 질문한다고 하자. 이에 대해 바다가 아니라 육지에서만 사람이 살 수 있기 때문이라고 대답하는 셈이다. 예를 들어 우주가 이렇게 오래된 이유를 설명하는데 사람의 몸을 구성하는 탄소가 생기려면 수소와 헬륨을 다 쓴 별이 무거운 원소를 만들 정도로 긴 시간이 필요하고 이 오래된 우주에서만 사람이 존재할 수 있는 것이라고 대답하는 것이다.

나는 인간 원리는 궁극적 진리를 추구하는 과학을 포기하는 것이라 보고 지지하지 않는다. 설령 우주가 우연의 산물일지라도 그 우연이 선택되는 과정에는 어떤 필연적인 법칙이 있다.

참고로 2016년 4월 애덤 리스팀은 초신성 관측을 더 정밀하게 하여 우주 상수가 암흑 에너지일 경우 허블 계수가 관측된 값에 비해 너무 작다는 논문을 발표했다.

제5원소 모델

제5원소Quintessence란 그리스 철학에서 물, 불, 공기, 흙 4원소 외에 천체를 만드는 질료인 에테르를 의미한다. (현대 우주론에서는 재미삼아 4원소를 암흑 물질, 바리온 물질, 빛, 곡률항을 뽑기도 한다.) 제5원소 모델에서는 급팽창을 일으키는 인플라톤과 비슷한 스칼라장인 제5원소장을 도입한다.

우주론에 인플라톤 같은 스칼라장을 도입한 역사는 길지만 예전에는 진짜 스칼라 입자가 있는지 의심을 받아야 했다. 알려진 입자들이 전부 페르미온이거나 스핀 1짜리 벡터 보존이었기 때문이다. 다행히 최근 근본 입자로서 스칼라 입자인 힉스 입자가 발견돼서 이런 거부감은 많이 줄었다.

제5원소 모델에서는 암흑 에너지가 어떤 상수가 아니고 인플라톤과 비슷한 다이내믹한 장이며 우주 공간에 이 장이 위치에너지를 가진 채 골고루 퍼져 있다고 본다. 암흑 에너지가 한곳에 뭉치지 않으려면 질량이 매우 작아야 한다. 그 얘기는 위치에너지 언덕의 기울기가 작아야 한다는 뜻이다. 인플라톤 경우처럼 제5원소는 언덕을 천천히 내려오는 공에 비유할 수 있다. 위치에너지가 서서히 감소해서 일반

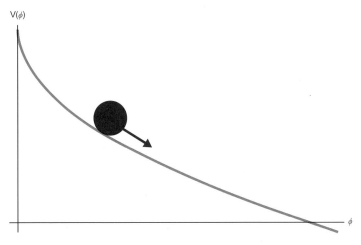

그림 64 위치에너지가 서서히 감소하는 제5원소.

물질보다 에너지 밀도가 천천히 줄어든다. 관측된 우주를 설명하려면 언덕(포텐셜)의 모양이 특수한 형태여야 하고 물리 상수가 시간에 따라 변한다든지, 관측된 적이 없는 원거리 힘(제5의 힘)이 나타나는 등의 여러 문제점이 있다. 이 이론도 양자장에 근거를 두므로 우주 상수 문제가 여전히 남는다.

제5원소는 추적자tracker 특성이 있다. 제5원소가 우주 나이 수십억 년 동안 빛이나 암흑 물질보다 약간 작은 밀도로 있다가 그 후 세력이 커져 자동으로 암흑 에너지 노릇을 하게 된다는 말이다. 이 특성으로 우주 일치 문제를 해결할 수 있다고 보기도 한다. 하지만 이런 해결책은 위치에너지가 특수한 모양이 돼야 해서 미세 조정 문제는 여전히 남는다.

홀로그래픽 암흑 에너지holograhphic dark energy는 중요하지만 의외로 잘 알려져 있지 않은 모델이다. 기본적으로 우주를 하나의 거대한 블랙홀과 유사하다고 보고 우주의 지평선horizon을 그 반경으로 본다. 홀로그래픽 원리란 초끈이나 양자 중력 이론에서 나온 개념인데, 블랙홀의 엔트로피(어떤 계의 복잡도)가 부피가 아니라 그 표면적에 비례한다는 사실에서 유래되었다. 간단히 비유하자면 2차원 유리 건판에 레이저를 쏘아 3차원 입체 영상을 보여 주는 홀로그래픽 사진처럼 3차원 공간의 물리 현상들이 사실은 그 공간을 둘러싼 2차원 면에서 일어나는 사건의 그림자일 뿐이라는 것이다. 보통 엔트로피는 부피에 비례하므로 직관과 상당히 어긋나지만 블랙홀이나 초끈 연구자들에게는 점점 사실로 여겨지고 있다. 예를 들어 아르헨티나의 물리학자 후안 말다세나Juan Maldacena(1968~)가 제안한 AdS 공간*의 홀로그래피에 관한 논문은 7000번 이상 인용됐고 핵물리나 고체 물리에도 적용되고 있다.

홀로그래픽 암흑 에너지 이론에서는 암흑 에너지가 시공간의 양자 요동에서 오고 그 양은 지평선의 크기로 제한된다는 것이다. A. G. 코헨A. G. Cohen 등은 보이는 우주가 일종의 블랙홀이고, 진공에너지 밀도가 관측된 암흑 에너지 값과 거의 같다는 것을 보여 주었다. 이것이 단순한 우연의 일치일까? 이 모델에서는 암흑 에너지가 왜 임계 밀도와 비슷한지 자연스럽게 설명된다. 그림에서 보듯 관찰자는 점점 커지

● AdS(Anti de Sitter) 공간이란 음의 우주 상수를 가지는 대칭성이 큰 우주 공간이고 최근 홀로그래픽 원리를 연구하는 데 많이 사용된다.

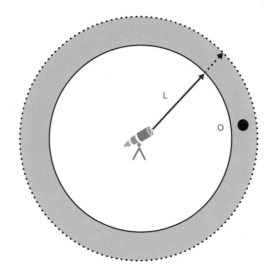

그림 65 홀로그래픽 암흑 에너지 이론에서는 우리 우주를 팽창하는 블랙홀과 비슷하다고 본다.

는 우주의 지평선을 본다. 이 사건의 지평선은 한곳에 정해져 있는 것이 아니라 관찰자마다 다르며 그 중심은 각 관찰자의 위치다. 블랙홀처럼 이 지평선은 열에너지를 가질 수 있는데, 이 열에너지를 계산해 보면 암흑 에너지와 비슷하다.

홀로그래픽 원리가 의미하는 사실은 공간에 있는 양자장들이 겉보기보다 그 자유도가 훨씬 작다는 것이다. 즉 앞의 스프링 비유에서 지평선 안의 모든 스프링 개수가 보기보다 적다는 것을 의미한다. 따라서 진공에너지도 그만큼 줄어들어야 하는데, 그 양을 계산해 보면 놀랍게도 관측된 암흑 에너지와 비슷한 값이 나온다. 미세 조정이 필요 없이 우주 상수 문제를 해결할 수 있는 것이다. 이런 관점에서 우주 상수 문제를 해결하기 위해선 홀로그래픽 원리를 반드시 사용해야 된다고 본다. 우주에는 여러 가지 지평선이 있는데, 이 모델에서는 L을 사건의 지평선의 반지름으로 잡아야 가속 팽창이 일어난다는 것이 알려져 있다. 다만 이 경우 사건의 지평선은 우주의 역사가 완전히 끝나야 정해지는 것이므로 현재 암흑 에너지가 지평선 크기를 어떻게 아는가 하는 '인과율 문제'가 있다.

2007년 나와 이정재, 김형찬 교수는 양자 정보론을 사용해 우주의 지평선 안과 밖의 양자 얽힘quantum entanglement 엔트로피와 관련된 열에너지가 바로 암흑 에너지의 근원이란 모델을 제시했다. 그 후 이 연구를 확장해 중력 자체가 양자 얽힘에서 비롯됐다고 주장했다. 양자 얽힘이란 멀리 떨어져 있는 물체들 사이에 빛보다 빠르게 전달되는 비국소적 상관 관계nonlocal correlation로 고전 역학에는 없던 개념이다. 당시 황당해 보였던 양자정보론과 중력의 연결은 최근 블랙홀 정보 소실 문제에서 $ER = EPR$(양자 얽힘이 웜홀과 관련 있다는 가설) 등 양자 얽힘의 역할이 중요해지고, 양자 얽힘이 중력, 심지어 시공간의 근본이란 아이디어들이 국제 이론물리학계에 속속 등장하면서 새롭게 다가오고 있다.

비슷하게 2009년 네덜란드의 물리학자 에릭 벌린데Erik Verlinde (1962~)가 중력은 근본적인 힘이 아니라 삼투압처럼 엔트로피 증가와 관련된 힘이라 주장했다. 우주 배경 복사 요동을 발견한 조지 스무트도 이 아이디어를 이용해 암흑 에너지가 우주 지평선의 열에너지라는 논문을 썼다.

최근 몇 년간 초끈 학계의 관심사는 엉뚱하게도 블랙홀에 불의 벽 firewall이 있냐는 문제였다. 호킹이 발견한 대로 블랙홀이 증발한다면 블랙홀에 들어간 물질의 정보는 어디로 사라지는가 하는 정보 소실 문제를 해결하기 위해, 정보가 호킹 복사 입자들의 양자 얽힘으로 나간다는 주장이 있었다. 문제는 블랙홀 지평선 안과 밖에도 양자 얽힘이 있어서 둘 중 하나의 양자 얽힘은 사라져야 하고 이 경우 블랙홀 지평선 안이 뜨거워진다는 것이다. 양자 역학이나 일반 상대성 이론 둘 중 하나는 틀렸다는 얘기다. 이에 대한 해결책으로 말다세나 등은 양자 얽힘은 사실 웜홀worm hole(블랙홀과 화이트홀의 사건의 지평선을 잘라내고 연결한 통로)과 같다는 파격적인 아이디어를 냈는데, 그것이 ER = EPR 논리다. 여기서 ER은 웜홀을 상징하고 EPR은 양자 얽힘을 상징한다. 이 아이디어는 물리학자 마크 반 람스동Mark Van Raamsdonk의 더 파격적인 아이디어, 즉 시공간이 본질적이지 않고 홀로그래픽 원리에 의해 어떤 경계 표면의 양자 얽힘에 의해 창발emergent된다는 아이디어에 기반을 둔 것이다. 앞으로 이 방향은 양자 중력과 암흑 에너지에 대한 새로운 접근법으로 각광 받을 것이라 예상한다.

브레인 월드와 변형된 중력 이론

5장에서 브레인에 대해 잠깐 언급했다(브레인 월드 가설에 대한 설명은 그림 66을 참조하라). 이 가설에 따르면 일반 물질이나 암흑 물질, 게이지 입자들은 우리가 사는 4차원은 막에 갇혀 있고 중력을 전달하는 중력자만 5차원 방향으로 빠져 나갈 수 있다는 논리로 왜 중력이 다른 힘에 비해 그렇게 약한지 설명한다.

　이 이론을 변형시켜 중력자가 잘 빠져나가는 특정 길이가 있다면 암흑 에너지 없이 가속 팽창을 설명할 수 있다. 예를 들어 우주가 지금

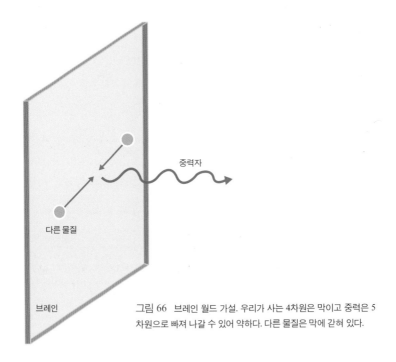

중력자

다른 물질

브레인

그림 66 브레인 월드 가설. 우리가 사는 4차원은 막이고 중력은 5 차원으로 빠져 나갈 수 있어 약하다. 다른 물질은 막에 갇혀 있다.

의 절반 정도일 때 중력자가 5차원으로 잘 빠져나간다면 중력이 상대적으로 약해지므로 감속 팽창이 약화돼 마치 암흑 에너지의 효과처럼 보일 수 있다. 초대칭 브레인을 고려하면 우주 상수가 아주 작을 수 있다는 연구도 있다.

이밖에도 MOND 이론처럼 뉴턴 역학을 바꿔야 한다거나 우주 전체로 볼 때 천체들의 분포가 불균질한 효과이라거나 암흑 물질이었다가 암흑 에너지가 되는 채플리긴 가스Chaplygin gas라는 이상한 물질을 가정하는 등 다양한 모델이 있다. 그러나 관측과도 잘 맞지 않고 자연스럽게 해결될 수 없는 여러 문제점이 있다.

암흑 에너지를 측정할 수 있을까

결국 우주의 운명을 알려면 암흑 에너지의 상태방정식을 알아야 한다. 암흑 에너지는 암흑 물질과 우주 팽창에 있어서 반대 작용을 하지만 항상 같이 있으므로 그걸 재는 방법도 비슷하다. 우주를 가속 팽창시키는 암흑 에너지의 특성은 우주의 팽창 속도가 시간에 따라 어떻게 변해 왔는지를 관찰하면 알 수 있다. 암흑 물질과 마찬가지로 그 방법에는 크게 초신성 관측, 우주 배경 복사 관측, 우주 거대 구조 관측 세 가지가 있다. 암흑 물질 지하 실험과 달리 암흑 에너지를 지구상에서 측정하는 실험은 매우 제한적이다. 보통 이 세 가지 결과를 동시에 고려해 최적치를 찾아낸다. 천체와 지구 사이의 거리를 구하는 것이 핵심인데 어려운 문제다.

천체 관측 방법은 크게 보아 측광 관측과 분광 관측으로 나뉜다. 측광 관측은 천체에서 나온 빛의 밝기나 모양을 보는 것이다. 분광 관측은 빛의 스펙트럼을 관찰해 적색 이동이나 구성 성분을 조사하는 것이다. 암흑 물질이나 암흑 에너지를 연구하기 위해서는 한꺼번에 많은 은하, 달리 말해 넓은 지역을 봐야 하므로 일반적으로 광시야 측광을 해야 한다.

초신성 밝기 측정

앞서 말했듯 1a형 초신성은 백색 왜성이 주변 별에서 물질을 끌어 들여 태양 질량의 약 1.4배(찬드라세카 한계)가 되는 순간 폭발하기 때문에 밝기가 일정한데다 매우 밝아서 우주론의 표준 촛불로 쓴다. 정말 밝기가 일정한지는 어떻게 확인할까? 한 가지 방법은 세페이드 변광성과 1a형 초신성이 함께 있는 가까운 은하를 찾아서 상대적으로 더 정확한 변광성을 이용해 은하까지 거리를 구하고 1a형 초신성의 밝기 변화(광도 곡선)를 자세히 연구해 표준화하는 것이다. 그 자료를 바탕으로 더 먼 거리는 초신성으로 재는 것이다. 천문학에서는 이런 방법으로 사다리처럼 거리를 재는 방법이 나눠져 있다. 초신성을 이용한 거리 측정이 처음에 오차가 컸던 이유는 초신성이 가장 밝게 빛나는 최대 크기만으로 진짜 밝기(절대 등급)를 추정했는데, 초신성마다 그 최대 밝기가 약간씩 달랐기 때문이다. 한번 폭발하면 초신성은 약 두 달간 밝기 변화를 보인다. 나중에 절대 등급과 빛을 내는 기간이 서로 비례한다는 것을 알게 되어 절대 등급을 훨씬 적은 오차로 측정할 수 있었고 거리 측정 오차도 대폭 줄어들었다.

이런 관점에서 초신성의 밝기를 정확히 측정하는 것이 매우 중요하다. 미국 에너지부와 NASA는 JDEM(Joint Dark Energy Mission)이라는(이 명칭은 영화 〈어벤져스〉에 나오는 기지를 연상시킨다) 프로젝트를 추진 중인데, 초신성을 관측하는 망원경 위성을 선정하려는 프로젝트다.

우주 배경 복사 온도 요동

앞서 살펴봤듯이 우주 배경 복사 온도 요동의 각도별 상관관계는 우주의 구성 성분에 매우 민감하다. 특히 그래프에서 음향 봉우리의 높이와 위치를 정확히 측정하면 암흑 에너지의 특성을 잘 이해할 수 있다. 우주 배경 복사는 재결합 시점뿐 아니라 지구에 도달하기까지 모든 과정에서 암흑 에너지의 영향을 받는다.

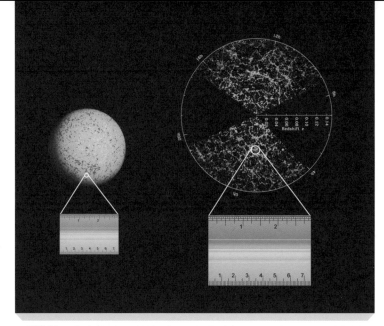

그림 67 우주 배경 복사의 음향 봉우리(왼쪽)와 우주 거대 구조, 즉 은하 분포(오른쪽)에서 바리온 음향 진동을 표준자로 사용할 수 있다.

바리온 음향 진동

앞서 보았듯이 우주 배경 복사의 온도 요동 중 봉우리를 이루는 음향 봉우리가 있고 그 봉우리가 씨가 돼 자란 은하들에도 약 5억 광년의 간격으로 밀집된 봉우리로 나타나는데, 이를 바리온 음향 진동(Baryon Sound Oscillation: BAO)이라 한다. 초기 우주 빛이 지배하던 시기에 바리온 물질과 빛은 플라스마를 이루고 수축과 팽창을 반복하는 파동을 이룬다고 했다. 이 반복 주기가 산과 골처럼 나타나고 그 패턴이 나중에 은하들의 분포에도 반영된 것이 바리온 음향 진동이다.

이제 이 물결의 실제 크기를 알고 있으므로 겉보기 크기를 재면 각거리를 알 수 있고 적색 이동으로부터 당시 우주의 크기를 알 수 있다. BAO를 표준자로 사용하는 것이다. 이를 시간대별로 정리하면 우주가 어떻게 팽창해 왔는지 알 수 있다. 그림 67에서 왼쪽의 공 모양은 WMAP가 측정한 우주 배경 복사를 천구면에 표시한 것이고, 오른쪽은 SDSS에서 구한 은하 분포를 그린 것이다. 음향 봉우리와 BAO를 잘 보여 준다.

누적 색스-울프 효과

우주 배경 복사는 곧바로 지구로 오는 것이 아니라 138억 년간 온갖 풍상을 겪고 온다. 색스-울프 효과Sachs-Wolfe effect란 빛이 물질의 중력 포텐셜 우물(어떤 천체의 중력 때문에 지나가는 물체가 딸려 들어가는 영역)에 들어갔다 나오면서 파장이 변하는 현상이다. 이 현상은 우주가 빛 지배기나 암흑 에너지 지배기일 때 두드러지는데, 시간상으로 나중의 암흑 에너지 지배기에서 암흑 에너지의 양을 재는 데 사용될 수 있다. 우주 배경 복사가 탄생해 초은하단 등 대형 우주 구조의 여러 포텐셜 우물들을 거치며 지구까지 도달할 때 그 효과가 누적되는 것처럼 먼 거리를 갈 때 '누적'이란 이름을 붙인다. 이 효과는 우주 배경 복사에 있던 원래 요동보다 작아 측정하기가 쉽지 않지만 알려진 은하 분포와 상관 관계를 사용해 추출해 낼 수 있다.

1960년대 우주 배경 복사가 발견되고 몇 년 후 아직 요동은 발견되지 않았을 때, 미국의 천문학자 라이너 색스Rainer Sachs(1932~)와 아서 울프Arthur Wolfe(1939~2014)는 에너지 보존 법칙 때문에 초기 우주에서는 물질이 많아 중력이 강한 곳을 빠져나오려면 빛이 에너지를 잃어 차갑게 보이고 물질이 적은 곳은 뜨겁게 보인다고 예측했다. 이후 실제로 COBE 위성이 그 현상을 관측했다.

그러나 그 빛이 지구에 도달하는 동안 초은하단이나 대공동Super

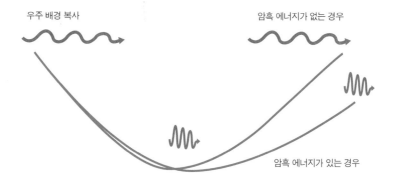

우주 배경 복사

암흑 에너지가 없는 경우

암흑 에너지가 있는 경우

그림 68 누적 색스-울프 효과. 암흑 에너지가 있으면 지구에 도달하기까지 무거운 지역을 지나는 우주 배경 복사의 파장이 짧아지고 온도가 올라간다.

Void(물질이 없는 지역)을 지나면 빛의 파장이 변하는 효과가 생기는데, 이를 후기 누적 색스-울프 효과(intergrated Sachs-Wolfe effect: ISW)라 한다. 이 경우는 반대로 중력이 강한 곳을 지나면 빛이 에너지를 얻어 더 뜨겁게 보인다. 이 빛은 마찰이 없는 언덕을 내려가는 공에 비유할 수 있다. 그림 68에서 파인 부분은 무거운 초은하단의 포텐셜 우물을 상징하는데, 만약 우주가 팽창하지 않는다면 역학적 에너지 보존 법칙에 의해서 들어간 공의 속도와 나간 공의 속도는 같아야 한다. 바닥에서 위치에너지를 잃고 운동에너지가 증가하다가 반대편에 도착해서는 원래 속도로 돌아간다. 빛의 경우는 색깔이 바뀌지 않는다. 하지만 암흑 에너지가 있어 우주가 빠르게 팽창하면 상대적으로 물질이 흩어지므로 공이 지나가는 도중 포텐셜 우물의 깊이가 얕아져 공이 빠져나올 때 원래보다 더 큰 속도로 빠져나온다. 마찬가지로 암흑 에너지가 있으면 초은하단의 중력 우물이 얕아져 빠져나온 빛이 암흑 에너지가 없을 때보다 에너지가 더 크다. 즉 파장이 짧아지는 청색 이동이 일어

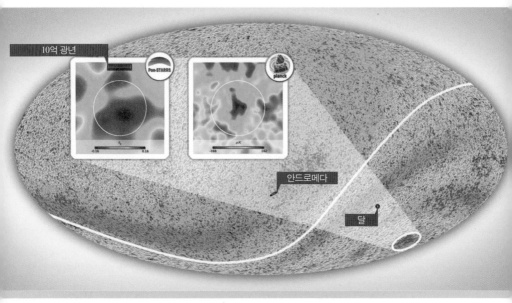

그림 69 플랑크 위성의 우주 배경 복사 요동에 나타난 냉점. 안드로메다 은하와 달의 크기와
비교해 보라.

난다. 반대로 대공동을 지나는 빛은 에너지를 잃고 적색 이동이 일어
난다. 직관과는 반대로 무거운 쪽으로 가는 빛이 온도가 더 높아진다.
이 효과는 우주 배경 복사 요동 분포에서 실제로 확인됐다. 그림 68에
서 왼쪽 끝부분으로 올라가는 선이 이 효과를 나타낸다. 이 곡선은 암
흑 에너지가 약 70% 정도 있을 때 설명된다. 오차는 크지만 이 현상
이 의미가 있는 것은 초신성이나 우주 배경 복사의 기본 온도 요동과
별도로 암흑 에너지의 효과를 검증할 수 있기 때문이다. 또 다른 장점
은 이 효과를 이용하면 암흑 에너지가 진짜 있는지 아니면 암흑 에너
지는 없고 중력이 잘못된 것인지 구분할 수 있다는 점이다.

또 한 가지 재미있는 사실은 우주 배경 복사 그림 69의 남쪽에 보이는 유독 차가운 점에 대한 것이다. 이것을 냉점Cold spot이라 부르는데 한때 평행 우주의 증거라며 떠들썩하게 보도되기도 했다. 물리학에서 평행 우주란 여러 의미로 쓰이지만 여기서는 우리 우주와 인접한 다른 우주를 말한다. 우주 초기에 다른 우주가 근접해 왔고 그 중력의 영향으로 물질이 움직여 냉점이 생겼다는 것이다. 그러나 최근에 은하들의 분포를 고려해 보니 냉점 방향에 은하가 거의 없는 거대한 공동Super Void이 있다는 것이 확인됐다. 현재 누적 색스-울프 효과에 의해 우주 배경 복사가 지구에 도달하기까지 은하들이 있는 무거운 지역보다 공동 지역을 지나온 빛이 상대적으로 온도가 덜 올라가 차갑게 보인다는 것으로 본다. 결국 냉점도 암흑 에너지로 설명된다.

중력 렌즈 현상

아주 먼 천체에서 나온 빛이 중간의 은하의 중력에 의해 여러 개로 갈라져 보이는 강한 중력 렌즈 현상을 이용해 빛의 시간차를 재면 암흑 에너지를 구할 수 있다. 약한 중력 렌즈 현상을 이용해서도 암흑 에너지의 특성을 구할 수 있다. 넓은 범위를 볼 수 있는 대형 망원경으로 수많은 은하의 찌그러진 형상을 찍어 거꾸로 그 은하의 빛이 지나온 거리의 암흑 물질 분포를 추정할 수 있다. 은하의 거리를 측정하면 시간별로 암흑 물질 덩어리들 사이의 거리와 밀도를 알 수 있다. 암흑 에너지가 있으면 우주 팽창이 빨라져 그 덩어리 사이의 거리가 멀어지고 물질을 흩어뜨려 구조가 생기는 것을 방해하기 때문이다. 암흑 에너지가 강할수록 이런 경향도 강해질 것이다. 또 다른 방법으로는 암흑 에너지가 많을수록 상대적으로 중력이 약한 것이므로 약한 중력 렌즈

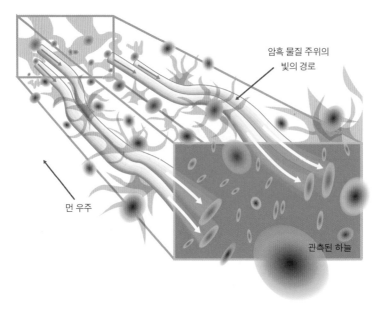

암흑 물질 주위의
빛의 경로

먼 우주

관측된 하늘

그림 70   암흑 물질(회색 줄기 모양)을 지나온 먼 은하들의 빛(파이프 모양)들이 휘어져 은하들이
찌그러져 보이는 약한 중력 렌즈 현상을 이용하면 암흑 에너지의 특성을 조사할 수 있다.

현상도 더 약해질 것이다.

거대 개요 망원경(Large Synoptic Survey Telescope: LSST)은 바로 이런 목
적으로 개발됐다. 미국국립과학재단(NSF), 에너지성(DoE), 빌게이츠재
단 등 범국가적으로 기금을 낸 이 망원경은 대기 현상이 적은 칠레의
고산지대 엘페논El Penon에 세워지고 있으며 2021년에 관측을 시작할
예정이다. 이 망원경은 구경 8.4미터의 대형 반사 망원경으로 기존 망
원경보다 1000배 이상인 32억 픽셀의 고화소 CCD를 장착할 예정이
며 3.5도 각도(달의 7배 크기)로 넓은 지역을 한번에 촬영할 수 있는 능
력이 있다. 이런 광시야를 이용해 한 해 수십만 개의 초신성을 찾고 3
일 만에 남반구 하늘을 전부 촬영할 수 있다. 이 망원경에서 나오는 데

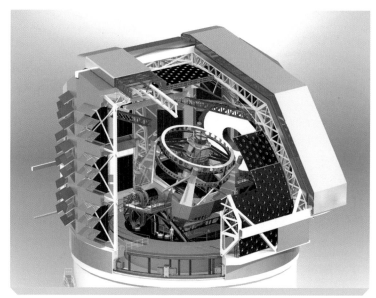

그림 71 칠레에 설치되고 있는 구경 8.4미터의 LSST와 돔.

이터의 양도 엄청나 하루 30조 바이트, 책 3000만 권 분량의 자료가 쏟아질 예정인데, 이런 빅 데이터를 어떻게 처리할지가 IT업계의 관심을 끌고 있다. 구글은 이 자료를 처리할 소프트웨어를 만들어 우주의 3차원 지도를 공개할 예정이다. 이뿐이 아니다. 2020년대에는 지름 39미터급의 E-ELT(European Extremely Telescope), 30미터급의 TMT(Thirty Meter Telescope), 우리나라가 참여한 25미터급 GMT(Giant Magellan Telescope)까지 거인 같은 망원경의 시대가 열릴 것이고, 우리는 암흑 에너지에 대해 더 정확히 알게 될 것이다.

은하단처럼 무겁고 큰 천체들의 분포는 세 가지의 영향을 받는다. 첫째는 우주 초기 밀도 요동의 스펙트럼(즉 어느 길이의 요동 성분이 많은가), 둘째는 밀도 요동이 중력으로 수축하는 과정의 물리, 마지막으로 우주의 팽창 속도(팽창이 빠를수록 은하단이 생기기 힘들다)다. 초기 밀도 요동은 우주 배경 복사로 잘 알려져 있고 수축하는 물리 역시 이론적으로 밝혀져 있으므로 슈퍼컴퓨터로 시뮬레이션해 얻어 낸 은하단의 개수 분포를 SDSS 등으로 관측한 실제 은하단의 개수 분포와 비교하면 우주가 어떻게 팽창했는지 알 수 있다. 은하단의 질량별 개수를 통계를 내서 은하단 형성에 관한 다체N-body 시뮬레이션과 비교하는 것이다.

예를 들면 2dF는 은하 적색 이동 탐사를 통해 25억 광년 깊이까지 먼 은하의 약 23만 개의 분포와 적색 이동을 쟀다. 2001년 측정 결과 일반 물질과 무거운 암흑 물질이 임계 밀도의 25% 정도 있어야 했다. 편평한 우주라면 75%의 암흑 에너지가 있다는 결론이 나왔다.

지상 실험

암흑 에너지가 어디나 존재하는 진공에너지라면 실험실에서 측정될 수도 있을 것이다. 사실 진공에너지는 원자의 전자 궤도 스펙트럼으로부터 이미 측정됐지만 카시미르 효과Casimir effect를 측정해서도 잴 수 있다. 1947년 네덜란드의 물리학자 헨드릭 카시미르Hendrik Casimir(1909~2000)가 이를 제안했다. 카시미르 효과는 전하가 없는 두 금속판을 진공에 두면 금속판 사이의 진공의 영점에너지 때문에 생기는 전자기장 요동이 제한을 받아 금속판에 힘을 주는 현상으로, 1997년 S. 라모레아룩스S. Lamoreaux가 처음 측정했다. 진공 요동 때문에 생

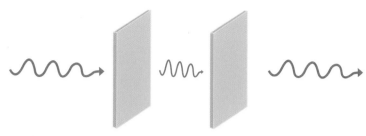

그림 72 진공의 양자 요동에 의한 카시미르 효과.

기는 전자기장도 일종의 빛이므로 금속을 통과하지 못하고 두 금속판 안에 들어올 수 있는 파장만 살아남는다. 두 금속판 밖에는 더 긴 파장의 요동도 있는데 그 에너지 차이 때문에 생기는 현상이다. 우주의 지평선을 간격으로 하는 우주 공간의 카시미르 효과가 암흑 에너지란 가설도 있었으나 우주 관측과 잘 맞지 않았다.

1982년 버클리 대학교의 로저 코크Roger Koch와 동료들은 극저온의 조셉슨 접합Josephson junction에서 양자 요동 때문에 생기는 전류 요동을 측정하였다. 조셉슨 접합은 초전도체 사이에 부도체를 끼워 놓는 소자다. 퀸매리 대학교의 크리스찬 벡Christian Beck과 맥길 대학교의 마이클 매키Michael Mackey는 이런 실험에서 전류의 진동 스펙트럼이 약 $10^{12}Hz$ 이상 나오면 진공에너지가 암흑 에너지 밀도보다 높아져서 문제가 생기므로 이 이하 주파수만 나와야 한다고 주장했다. 또 그것이 사실로 확인되면 암흑 에너지가 진공 양자 요동이라는 증거라고 주장했다. 하지만 이들의 주장은 다른 학자들에 의해 실험에 대한 해석 오류라고 반박됐다. 암흑 에너지가 정말 진공에너지라면 앞으로 실험실에서 그 존재가 발견될 가능성이 없지 않다.

암흑 물질이나 암흑 에너지의 우주론적 관측의 핵심은 시간에 따라 우주의 크기 R
이 어떻게 변하는가, 즉 우주 팽창을 시간의 함수로 구하는 것이다. 우주의 크기는
망원경으로 천체에서 나온 빛의 적색 이동으로부터 구할 수 있지만 문제는 그 빛
이 나온 시간을 알려 주는 천체의 거리다. 초신성 같은 표준 촛불을 쓰면 광도 거리
가 나오고 바리온 음향 진동 같은 표준자를 쓰면 각지름 거리가 나온다. 이렇게 구
한 거리 d와 적색 이동 z의 그래프를 그리면 허블 다이어그램이 나오고 이는 우주
의 물질 구성에 따라 모양이 다르다. 팽창 속도와 적색 이동 또는 우주 공간의 체적
소와 적색 이동 그래프도 비슷한 용도로 쓰일 수 있다.

그림 73에 이런 원리로 구한 암흑 물질과 암흑 에너지의 특징이 있다. 초신성
관측 위성과 거대 구조 관측용 망원경들이 최종적으로 구하려는 값은 암흑 에너지

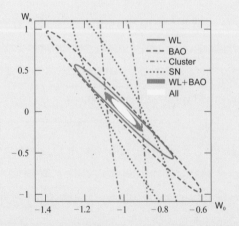

그림 73 암흑 에너지의 상태방정식의 현재 값 W_0과 변화량 W_a의 관측치. WL은 약
한 중력 렌즈, BAO는 바리온 음향 진동, Cluster는 은하단, SN은 초신성 관측 결과로
부터 얻은 제한 조건이다. 겹치는 All이 최적값인데, 우주 상수가 가장 비슷하다.

의 상태방정식의 현재 값 w_0과 그 변화율 w_a이다. 현재도 여러 팀이 독립적으로 관측들을 하고 있으며, 이들 연구 결과를 조합하면 10년 안에 상태방정식을 1% 오차 내로 그 변화율은 10% 이내로 알아낼 수 있을 것이다.

그림 73은 중력 렌즈, 은하단, BAO, 초신성 관측으로부터 구한 암흑 에너지의 현재 값과 변화량의 허용된 범위를 보여 준다. 현재로서는 $(w_0 = -1, w_a = 0)$인 우주 상수가 가장 가능성이 높다. 하지만 오차 범위 안에서 암흑 에너지가 서서히 변하는 다른 암흑 에너지 모델도 여전히 살아 있다. 홀로그래픽 암흑 에너지도 그중 하나다. w_0가 −1이고 w_a가 양수면 미래로 갈수록 암흑 에너지 w값이 −1보다 작아진다. 즉 우주가 더 심한 가속 팽창을 한다.

에너지 비율의 관점에서 지금까지 알아본 자료들을 모두 합치면 그림 74와 같다. 그림은 초신성, 우주 배경 복사, 은하단 관측에서 구한 물질과 암흑 에너지 (우주 상수일 때)의 비율에 관한 제한 조건이다. 이 세 가지 관측은 상호 보완적임을

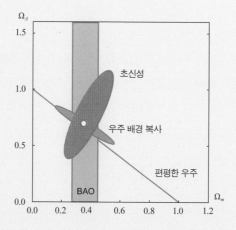

그림 74 초신성, 우주 배경 복사, 은하단 관측(BAO)에서 구한 물질과 우주 상수의 비율 모식도. 도형은 각 측정의 오차 범위를 나타내고 중앙의 점이 최적치를 나타낸다. 편평한 우주가 되려면 선상에 있어야 한다.

알 수 있다. 세 가지 조건을 모두 만족하는 중앙점이 답인 것이다. 우주 배경 복사만으로도 암흑 에너지와 물질이 약 7 대 3이란 것(Ω_Λ=0.7, Ω_m=0.3)을 대충 알 수 있지만 다른 두 가지 관측으로부터 그 사실이 더 확실해진다. 우리 우주가 편평하다는 것(Ω_Λ+Ω_m=1)도 알 수 있다. 여기서 우리는 암흑 물질이나 암흑 에너지가 한두 가지의 이상한 천체 현상에서 마음대로 상상해서 나온 산물이 아니며 여러 가지 관측된 현상을 한꺼번에 설명하려면 필연적으로 도입될 수밖에 없음을 알 수 있다. 이제 암흑 에너지와 암흑 물질은 거의 과학적 사실로 볼 수 있다. 이렇게 숫자들이 하나로 잘 일치하므로 ΛCDM 모델을 조화 모델Concordance model이라고도 한다. 앞에서 나온 우주의 에너지 비율은 이런 과정을 통해 알게 되었다.

우주의 운명

암흑 물질의 양은 우리 우주의 과거를 알려 주고 암흑 에너지의 특성은 우리 우주의 최후가 어떨지 알려 준다. 우주의 미래는 암흑 에너지의 우주 상수 값에 따라 다른 시나리오를 보이게 된다. 만약 암흑 에너지가 w = −1인 우주 상수라면 우주는 비교적 부드러운 가속 팽창을 할 것이다. 우주는 지수 팽창을 하지만 우주 상수 양이 작아서 그때까지 지구인들이 살아 있다면 수십억 년을 큰 불편 없이 지낼 수 있다. 우주 팽창은 점점 가속되고 먼 은하들은 적색 이동으로 잘 안 보이게 될 것이다. 더 시간이 지나면 중력으로 강하게 연결된 우리 은하 주변들만 남고 나머지 은하들은 먼 우주 너머로 사라지게 될 것이다.

만약 암흑 에너지가 w< −1인 팬텀 에너지*라면 미래는 더 슬프다. 시간이 지날수록 암흑 에너지 밀도가 점점 커지고 우주는 더 급격

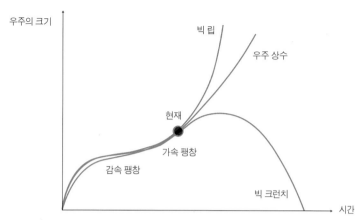

그림 75 암흑 에너지의 종류에 따른 우주의 미래

한 과속 팽창을 맞게 될 것이다. 은하들은 우주 상수 때보다 더 급격하게 멀어지고 우주는 최후의 순간을 향해 폭주한다. 차례로 우리 주변 은하마저 사라지고 우리 은하도 해체되며 태양계, 지구, 아마 원자마저도 갈갈이 찢어지는 빅 립이 일어날 것이다.

만약 암흑 에너지가 특성이 변해 일반 물질처럼 된다면 그 양에 따라 다르겠지만 우주는 다시 수축을 시작해 작아지고 온도와 밀도가 올라가게 된다. 모든 은하들이 충돌해서 거꾸로 우주는 빅뱅으로 돌아간다. 빅 크런치가 되는 것이다. 모든 물질이 한 점으로 모이면서 우주는 대단원의 막을 내릴까, 아니면 다시 반동으로 빅뱅이 일어날까? 그건 아직 아무도 모른다.

● 팬텀 에너지Phantom energy는 상태방정식이 $w < -1$인 경우를 말한다. 즉 $p < -\rho$라서 음의 압력이 일반 암흑 에너지보다 강하고 가속 팽창을 더 많이 시키는 종류다.

암흑 에너지의 여러 모델 중 옳은 것을 골라내기 위해서는 상태방정식, 즉 암흑 에너지가 우주 팽창에 따라 어떻게 변하는지를 관측을 통해서 알아내야만 한다. 이를 위해선 수십억 광년 먼 거리의 초신성 수천 개를 정확하게 측정할 필요가 있다. 초신성이 어디서 터질지 모르니 한꺼번에 넓은 하늘을 찍는 광시야 망원경과 먼 거리를 볼 수 있는 큰 눈, 즉 대구경 망원경이나 우주 망원경이 필수적이다. 대형 망원경은 BAO나 중력 렌즈 현상을 이용해 암흑 에너지 상태방정식을 다른 방식으로 교차 점검할 수 있게 해 줄 것이다. 또한 가까운 거리의 초신성도 자세히 연구하여 표준 촛불로서 오차를 줄여 나가야 한다.

암흑 에너지 태스크 포스(The Dark Energy Task Force)팀은 미국의 천문학자들과 고에너지물리학자들이 에너지부와 NASA, 미국연구재단에 미래 암흑 에너지 연구에 대해 조언하기 위해 만든 조직으로, 2006년 향후 연구 방향을 설정하는 보고서를 제출했다. 이 보고서는 암흑 에너지가 우주 상수인지, 암흑 에너지의 시간 변화, 일반 상대성 이론이 은하와 은하단의 성장과 모순이 없는지 등을 밝히는 것이 주요 목표가 돼야 한다고 밝혔다. 그 방법으로 바리온 음향 진동, 은하단의 분포, 초신성, 약한 중력 렌즈 등을 사용할 수 있다고 제안했다.

또한 암흑 에너지 연구를 네 단계로 구분했는데, 1단계를 당시까지 알려진 연구로 봤다. 2단계는 당시 진행 중이었던 연구들로, 캐나다-프랑스-하와이 망원경을 이용한 초신성 유물 탐사(CFHT-SNLS)는 2003년에서 2008년까지 2000여 개의 초신성을 조사했다. ESSENCE(Equation of State: SupErNove trace Cosmic Expansion), 한국고등과학원팀도 참여하고 있는 SDSS 등도 적색 이동이 1 근처, 즉 우주 크기가 지금의 약 절반이던 시절까지 초신성을 조사했다. 암흑 에너지에 대한 데이터 분석을 연습하는 단계라 볼 수 있다.

3단계는 당시 제안되었고 가까운 장래에 실현될 프로젝트였다. 이는 지금 현재 진행 중인 연구들로 암흑 에너지 특성에 대한 구체적인 연구가 가능한 단계다. 2단계보다 3배 이상 정밀도를 높이는 것을 목표로 한다. BOSS(Baryon Oscillation Spectroscopic Survey)는 2008년부터 시작된 광시야 분광 관측을 주로 하는 SDSS의 3차 진행인 SDSS-III의 최대 소과제로 밝은 적색 은하와 퀘이사의 3차원 분포 지도를 재서 바리온 음향 진동을 알아내어 우주의 팽창율을 구하려 한다. 2014년 BOSS는 BAO를 1% 이내로 측정했다고 발표했다.

암흑 에너지 탐사(The Dark Energy Survey: DES) 프로젝트는 광시야 측광 관측으로 미국, 스페인, 영국, 브라질 등 세계 23개국에서 온 과학자들이 미국 일리노이 주의 5억 7000만 화소의 암흑 에너지 카메라와 칠레의 4미터짜리 빅터 M. 블랑코Victor M. Blanco 망원경을 이용해 암흑 에너지의 정밀한 성격을 알아내려는 프로젝트다. 암흑 에너지 카메라는 80억 광년까지에 있는 10만 개의 은하를 한번에 찍을 수 있다. 5년간 은하 3억 개와 은하단 10만 개 그리고 초신성 4000개를 찍을 예정이다. 이 자료는 일리노이 대학의 슈퍼컴퓨터에서 처리된 후 공개될 예정이다.

마지막으로 4단계는 2단계보다 10배 이상 정밀도를 높이는 것으로 추정한다. 앞서 말한 LSST가 포함된 이 4단계가 끝나는 2025년경에 암흑 에너지의 정체가 밝혀질 것으로 예상된다. 이 단계는 LST(Large Survey Telescope), SKA(Square Kilometer Array), JDEM(Joint Dark Energy

Mission) 등이 포함돼 있다. 4단계 연구에 해당되는 유클리드Euclid는 유럽우주국(ESA)이 계획하는 우주 망원경으로, 가시광과 적외선 영역을 관측해 은하들이 변형된 모습과 적색 이동을 측정해서 중력 렌즈 현상과 바리온 음향 진동을 알아낼 예정이다. 먼 은하들은 적색 이동이 심해 적외선으로 관측할 필요가 있다. 이 자료는 암흑 물질과 암흑 에너지의 특성을 알아내는 데 유용할 것이며 유클리드는 2020년 발사할 예정이다.

DESI(Dark Energy Spectroscopic Instrument)는 미국 버클리 국립실험실이 주도하는 프로젝트에 사용되는 하와이 키트 피크Kitt Peak 국립천문대의 4미터짜리 메이올Mayall 망원경에 설치될 분광기다. 최대 적색 이동 $z =$ 3.5(120억 광년 거리)까지 BOSS보다 10배 이상 넓은 영역에 있는 3000만 개의 은하와 퀘이사의 위치와 적색 이동을 높은 정밀도로 관측할 계획이다. 이 장치의 특징은 망원경의 초점에 5000개의 소형 로봇이 조정하는 광섬유가 연결돼 있어 특정 천체만 골라낼 수 있게 돼 있다. 이 장치의 무게가 5톤이나 되지만 망원경 자체가 375톤이나 되니 문제가 없다. 한국천문연구원과 한국고등과학원도 참여한 이 프로젝트는 2019년부터 5년간 미국에너지부의 지원을 받아 우주를 관측한다.

제임스 웹 우주망원경James Webb Space Telescope은 허블 망원경의 후속 망원경이다. NASA, ESA, 캐나다 우주항공국의 주도로 17개국이 개발에 참여하고 있고 아리안 5호에 실려 2018년 발사될 예정이다. 이는 구경 6.5미터의 합성 구경 반사 망원경이고 태양 차폐막으로 $-220°C$를 유지하며 태양-지구의 라그랑지lagrange 점(두 천체 사이에서 균형을 이루는 점)에 위치하게 될 것이다. 주로 장파장 가시광과 적외선 영역의 관측을 통해 아주 멀리 있는 우주 초기의 어두운 은하들을 관

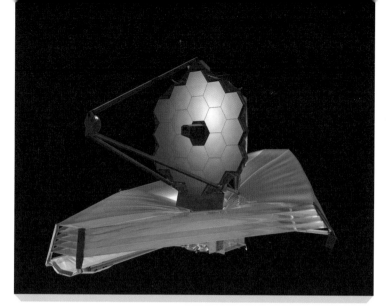

그림 76   제임스 웹 우주 망원경의 모형.

측해 은하와 별, 행성들의 생성과 진화를 연구하게 될 이 프로젝트의
예상 비용은 87억 달러다. 당장 실용성이 전혀 없는 이런 우주 관측에
각국이 투자하는 이유를 곰곰이 생각해 볼 필요가 있다.

　　미국을 비롯해 각국 정부가 이런 기초 과학 연구에 관심을 가지
는 까닭은 과학자들의 호기심에서 비롯된 전혀 실용성 없어 보이던
핵물리학이 원자력 발전으로 이어졌듯, 암흑 물질과 암흑 에너지라는
기존 이론으로 설명하기 힘든 새로운 물리학이 뜻하지 않는 과학 기
술 발전을 가져올 수도 있기 때문이다. 한국에서는 기초 공학이나 기
초 기술을 기초 과학으로 오해하는 경향이 있는 것 같다. 과학은 어떤
상업적 이익을 목표로 하는 것이 아니라 순수한 호기심의 해결 자체
를 1차적 목표로 삼는 것인데, 그에 따른 경제적 효과는 부수적이고
예측하기 어렵다.

뉴턴 중력을 이용한 프리드만 방정식 유도

일반 상대성 이론이 아닌 뉴턴 중력을 이용해 프리드만 방정식과 비슷한 방정식을 유도해 보자. 이 계산은 어디까지나 프리드만 방정식의 직관적 이해를 돕기 위함이지 우주론이 진짜 이런 내용이라고 오해하지 말길 바란다. 특히 여기서 R은 실제 우주의 반지름이 아니며 우주 물질들이 텅 빈 공간에서 중심이 있는 상태로 팽창하고 있지도 않다. 어디까지나 이해를 돕기 위한 비유일 뿐이다. 계산은 고등학교 수준의 미적분을 사용한다.

뉴턴 역학적 우주론에서는 우주 공간이 수축도 팽창도 하지 않고 불변이다. 이 고정된 공간을 배경으로 오직 물질만 모였다 흩어졌다 한다. 총 질량 M의 물질들이 그림처럼 반지름이 R이고 밀도가 ρ인 공 모양으로 모였다고 해보자. 이때 최외각에 얇은 두께의 질량이 m인 껍질이 있다고 가정하고 껍질의 운동에 집중하자. 그러면 껍질이 팽창하는 가속도는 $a = \ddot{R}$이고 힘은 중력 $F = -GMm/R^2$으로 뉴턴 중력 공식으로 주어진다. 여기서 R 위의 두 점은 시간으로 두 번 미분했다는 뉴턴식 표기법이고 마이너스 부호는 인력을 나타낸다. 그러면 뉴턴의 제2법칙 $F = ma$은 다음과 같이 된다.

$$-\frac{GMm}{R^2} = m\ddot{R}$$

양변의 m을 지우면

$$\ddot{R} = -\frac{GM}{R^2}$$

이 된다. 이 식은 그냥 거리 R에서 자유 낙하하는 물체의 식이다. 제2법칙은

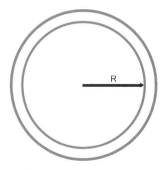

그림 77 반경 R인 공 모양 물질을 우주에 비유해 보자.

미분방정식이라 했는데, 풀 때는 그냥 적분하면 된다. 양변에 $\dot{R}$를 곱하고 시간에 대해 적분하면

$$\int \dot{R}\ddot{R}dt = -\int \frac{GM}{R^2}\dot{R}dt$$

이 된다. 좌변의 $\ddot{R}=d\dot{R}/dt$이고 우변의 $\dot{R}dt=dR$인 것을 알아채면 위 식은

$$\int \dot{R}d\dot{R} = -\int \frac{GM}{R^2}dR$$

로 간단히 쓸 수 있다. 각각을 해당 변수로 적분하고 이항하면

$$\frac{1}{2}\dot{R}^2 - \frac{GM}{R} = E$$

이 나오는데, 여기서 E는 적분 상수다. 이 모양은 운동에너지와 중력 위치에 너지를 합친 역학적 에너지 꼴이다. 즉 이 식은 단위 질량당 총 에너지를 표현한 식이다. E가 양수면 껍질의 운동에너지가 더 커서 이 공은 계속 팽창할 것

이고, E가 음수면 중력이 세서 결국 수축할 것이다.

팽창 속도의 비율을 보기 위해 양변에 $2/R^2$을 곱하고 이항하면

$$\left(\frac{\dot{R}}{R}\right)^2 = \frac{2GM}{R^3} + \frac{2E}{R^2}$$

꼴이 된다. 좌변은 허블 계수의 제곱과 비슷하다.

처음 이 공의 총 질량은 $M = \frac{4}{3}\pi R_0^3 \rho_0$다. 여기서 R_0는 처음 크기고 ρ_0는 처음 밀도이다. 따라서 위 식에 질량 식을 넣으면

$$\left(\frac{\dot{R}}{R}\right)^2 = \frac{8\pi G \rho_0 R_0^3}{3R^3} + \frac{2E}{R^2}$$

이 된다. 공이 팽창하면 밀도가 크기의 세제곱에 반비례해 떨어지므로 임의의 시간의 밀도는

$$\rho = \frac{\rho_0 R_0^3}{R^3}$$

이다. 이를 고려하면 이 '가짜' 프리드만 식은 다음과 같이 쓸 수 있다.

$$\left(\frac{\dot{R}}{R}\right)^2 = \frac{8\pi G \rho}{3} + \frac{2E}{R^2}$$

이 식과 일반 상대성 이론에서 구한 진짜 프리드만 방정식을 비교해 보라.

$$\left(\frac{\dot{R}}{R}\right)^2 = \frac{8\pi G \rho}{3} - \frac{k}{R^2} + \frac{\Lambda}{3}$$

거의 같은 꼴임을 알 수 있다. $k = -2E$의 대응 관계가 있으므로 총 에너지가

음수면 k가 양수가 돼 닫힌 우주가 되고 총 에너지가 0이면 $k=0$이 되어 편평한 우주가 된다. 껍질의 운동과 우주의 크기 인자의 변화가 비슷해서 우주 팽창을 공중에 던진 공이나 포탄으로 비유할 수 있었던 것이다. 하지만 R의 의미가 뉴턴 역학과 일반 상대성 이론은 전혀 다르기 때문에 오해를 막기 위해 본문에서 길게 설명하였다.

위의 뉴턴 역학을 이용한 가짜 식은 어디까지나 비유일 뿐이다. 뉴턴 역학에선 공간이 불변이지만 일반 상대성 이론에선 공간 자체가 팽창한다. 이 뉴턴 역학을 이용한 비유에서 우주 팽창은 총 질량이 유지되는 물질로 된 공의 팽창과 비슷하다. 또 프리드만 방정식은 우주의 역학적 에너지 보존식과 '비슷'하다는 것을 알 수 있다.

뉴턴 역학에서 우주 상수를 도입하려면 다음과 같이 거리에 비례하는 척력을 처음에 뉴턴 방정식에 도입하면 된다.

$$\ddot{R} = -\frac{GM}{R^2} + \frac{\Lambda R}{3}$$

우주론을 이해하는 데 필요한 기초적인 계산

고등학교 수준의 기초 미분을 알면 우주론을 더 자세히 알 수 있다. 아인슈타인 방정식을 풀면 R이 시간에 따라 어떻게 변하는지에 대한 새로운 방정식이 나오는데, 이를 프리드만 방정식이라 부르며 뉴턴의 $F = ma$처럼 우주론의 기본식으로 아주 중요하다. (간단히 하기 위해 우주 상수를 제외하고 $k = 0$이라 가정하자.)

$$H^2 = \frac{8\pi G\rho}{3}$$

여기서 ρ는 우주 공간에 퍼진 물질의 평균 에너지(간단히 말해 질량) 밀도이고 좌변의 $H \equiv dR/Rdt$는 유명한 허블 계수인데, R의 시간 변화율(R이 커지는 속도 즉 우주 팽창 속도)을 R로 다시 나눈 양이다. 이 양은 우주가 얼마나 빨리 팽창하는지를 상징하는 양이며 그 역수는 대략 우주의 나이와 같다. R^2을 식의 양변에 곱하고 제곱근을 취하면 팽창 속도는

$$\frac{dR}{dt} \propto \rho^{\frac{1}{2}}R$$

이라는 더 간단한 식이 나온다. 우주를 풍선의 표면에 비유한다면 좌변은 풍선의 반지름이 커지는 속도, 즉 풍선이 커지는 속도에 비유될 수 있다(비유는 비유일 뿐, 우주가 진짜 공처럼 생겼다는 뜻은 아님을 잊지 말자). 어쨌든 장대한 우주의 역사가 이 간단한 방정식으로 표현된다는 것이 놀랍지 않은가?

물질의 종류에 따라 그 밀도가 우주 팽창에서 줄어드는 양상이 다르므

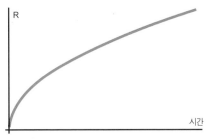

그림 78 물질 우세기의 우주 크기 변화. 감속 팽창

로 그 결과 R이 시간에 따라 어떻게 변하는지 차이가 생긴다. 몇 가지 경우에 직접 풀어 보면 이해하는 데 도움이 될 것이다.

예를 들어 우주 물질의 대다수가 일반 원자나 무거운 암흑 물질이면 밀도가 부피에 반비례하므로 $\rho \sim R^{-3}$이 되는데 이 밀도를 위 식에 넣으면 R이 시간 $t^{2/3}$에 비례해야 만족한다. 이를 간단히 증명해 보자. $R \sim t^n$으로 가정하고 위 식에 넣으면 좌변은 미분 때문에 t^{n-1}에 비례하고 우변은 $t^{-\frac{n}{2}}$에 비례하므로 $n=$ 2/3이어야 식이 성립한다. 즉 $R \sim t^{2/3}$이다. 이 경우 팽창 속도 dR/dt는 시간의 $-1/3$승에 비례하므로 속도는 시간에 따라 점점 작아지고 우주는 감속 팽창하게 된다. 다시 말해 우주는 팽창하지만 그 속도가 점점 준다는 얘기다. 이 시기를 물질의 에너지가 더 많다 하여 '물질 우세기matter dominated era'라 한다.

좀 더 정확히 풀자면 현재의 허블 계수를 H_0라 하고, 물질의 밀도가 우주 크기의 세제곱에 반비례하므로, 프리드만 방정식은 다음 식으로 바꿀 수 있다. (현재 우주를 $R=1$로 뒀다.)

$$\left(\frac{\dot{R}}{R}\right)^2 = \frac{H_0^2}{R^3}$$

여기서 점은 시간에 대한 미분을 나타낸다. 이 방정식의 답을 $R(t)=At^{2/3}$꼴이

라 두고 풀면 약간의 계산 후 상수 A가 결정되고

$$R(t) = \left(\frac{3}{2}H_0 t\right)^{2/3}$$

여야 된다는 것을 알 수 있다. H_0는 관측으로 잴 수 있는 상수값으로 그 역수는 약 144억 년이다.

위 식에서 크기 R일 때 우주의 시간을 구하면

$$t = \frac{2R^{3/2}}{3H_0}$$

따라서 현재 우주 ($R=1$)의 나이는 $t = 2/(3H_0) = (2/3)$ 144억 년=96억 년이 된다. 허블 계수의 역수가 대략 우주의 나이임을 알 수 있다. 이 우주 나이는 물론 오래된 별의 나이보다 작다. 따라서 우주가 무거운 물질로만 돼 있다면 맞지 않다.

만약 빛처럼 상대론적으로 움직이는 매우 가벼운 물질이면 밀도는 R의 네제곱에 반비례하게 되는데, 이는 우주 팽창에 의한 파장의 적색 이동 효과까지 더해져서 에너지 밀도가 더 빨리 떨어지기 때문이다. 이 경우 R이 시간 t의 1/2승에 비례해야 위 식이 만족된다는 것을 한번 연습 삼아 계산해 보라. 팽창 속도는 시간의 −1/2승에 비례하지만 역시 감속 팽창하게 된다. 이 시기를 빛 우세기라 한다.

빛이 우주의 주성분이라면 프리드만 방정식은

$$\left(\frac{\dot{R}}{R}\right)^2 = \frac{H_0^2}{R^4}$$

가 되고 답은 $R(t) = (2H_0 t)^{1/2}$과 $t = R^2/(2H_0)$과 된다. 따라서 우주의 나이는 t

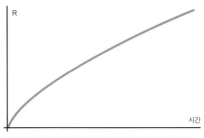

그림 79 빛 우세기의 우주 크기 변화. 감속 팽창

$=1/(2H_0)=(1/2)$ 144억 년$=72$억 년이 돼서 물질이 지배하는 우주보다도 더 맞지 않는다.

본문에서 다룬 우주 상수처럼 만약 에너지 밀도가 시간에 따라 변하지 않고 일정하다면

$$\frac{dR}{dt} \propto \rho^{\frac{1}{2}}R \propto R$$

R은 시간에 대해 미분했을 때도 다시 자기 자신이 나와야 하는데, 이러한 대표적인 함수가 지수 함수다. 즉 이 경우 $R \sim e^{Ht}$ 꼴로 우주의 크기가 기하급수적으로 급팽창하는데, 이런 상태를 '드 지터 우주'라 부른다. 우주 팽창 속도가 폭발적으로 커진다는 얘기다. 관측 결과 우주 역사에서 이런 상황은 두 번 일어났다. 우주 탄생 직후 우주가 아주 짧게 (약 10^{-33}초간) 약 10^{26}배 이상 급팽창했는데, 이를 인플레이션이라 부른다. 이는 빅뱅의 폭발 메커니즘으로 볼 수 있다. 경제학에서 쓰이는 물가가 오르는 인플레이션과는 전혀 무관하다. 그 뒤 빛 우세기와 물질 우세기의 두 번의 감속 팽창기를 겪은 후, 우주 탄생 후 수십억 년이 지나 다시 가속 팽창이 일어났고, 현재 진행 중이란 것이 정설이다. 첫 번째 우주 가속을 일으키는 물질을 인플라톤이라 하고 두 번째 우주 가속 팽창을 일으키는 물질을 암흑 에너지라 한다. 일반 물질과 암흑 물질

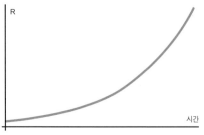

그림 80 급팽창 또는 가속 팽창 중인 우주의 크기 변화

은 끌어당기는 중력을 주고, 인플라톤과 암흑 에너지는 일종의 반중력인 척력을 준다고 볼 수 있다.

이 세 가지 경우가 프리드만 방정식의 주요 해이고 초보적인 우주론은 이 세 경우만 잘 알면 이해가 된다.

결국 우주 팽창의 역사와 우주가 앞으로 어떻게 될지는 다수를 차지한 '물질의 에너지가 부피에 따라 어떻게 변하는지'로 결정된다. (본문에서 살펴본 것처럼) 그 경향은 나중에 보겠지만 그 물질의 압력과 밀도의 비율과 관련이 있다. 일반 물질이나 암흑 물질이 다수라면 우주는 감속 팽창해서 재수축하거나 아니면 쭉 감속 팽창해 나갈 것이고, 암흑 에너지가 더 많다면 점점 빨리 팽창할 것이다. 일반 물질과 암흑 물질은 우주 팽창을 감속시키는 브레이크 역할을 하고 암흑 에너지는 반대로 가속 페달 역할을 한다. 현재는 암흑 에너지의 비율이 제일 크므로 암흑 에너지 우세기다. 어떤 물질이 암흑 에너지가 되려면 에너지 밀도가 우주 팽창에 영향을 받지 않거나 아주 천천히 줄어들어야 한다.

같은 내용을 상태방정식이란 개념으로 이해해 보자. 아인슈타인의 중력 방정식을 우주론에 적용하면 다음과 같은 두 번째 프리드만 방정식도 얻을 수 있다.

$$\frac{d^2R}{dt^2} = -\frac{4\pi G}{3}(\rho+3p) = -\frac{4\pi G\rho}{3}(1+3\omega)$$

이 식에서 좌변은 우주 팽창의 가속도를 우변은 물질에 의한 중력 가속도를 상징한다. 비유하자면 우주에 대한 뉴턴의 2법칙 즉 $F=ma$ 꼴이다. 하지만 부록 1의 뉴턴 중력을 이용한 경우 물질의 압력 p항은 나타나지 않는 반면 일반 상대론에선 압력 p도 중력을 일으킨다! 상대론에선 모든 에너지가 중력을 일으키고 압력에 의한 에너지도 존재하기 때문이다. 마지막 등식에서 $w \equiv p/\rho$는 물질의 압력과 밀도의 비로서 상태방정식이라 부르며 물질의 종류를 알려 주는데, 암흑 에너지 연구에서 굉장히 중요하다.

예를 들어 우주 먼지처럼 속도가 느린 일반 물질이나 무거운 암흑 물질들은 압력이 거의 없어 $w=0$이라 볼 수 있는 반면 빛이나 중성미자처럼 광속에 가깝게 움직이는 가벼운 물질들은 $w=1/3$을 가진다. 빛도 압력이 있는데 광압이라 한다. 위 식에 넣어 보면 이들 일반 물질들은 우변의 부호를 음수로, 즉 항상 우주의 크기가 감속 팽창하도록 만든다(가속도가 음수란 것이다). 반면 $w<-1/3$인 물질이 지배적이면 우변이 양수가 되고 가속 팽창함을 알게 된다. 따라서 암흑 에너지는 음의 압력을 갖는 특수한 물질이라고 볼 수 있다. 아인슈타인의 우주 상수는 $w=-1$의 값을 가진다.

좀 더 자세히 알고 싶은 독자들을 위해 여러 가지 물질들이 동시에 있을 때 우주가 어떻게 팽창하는지 적어 본다. 첫 번째 프리드만 방정식을 곡률항 k/R^2과 우주 상수 Λ를 포함해 더 정확하게 쓰면 다음과 같다.

$$H^2 = \frac{8\pi G\rho}{3} - \frac{k}{R^2} + \frac{\Lambda}{3}$$

여기서 잠시 우주 상수 $\Lambda=0$으로 가정하면 $k=0$인 편평한 우주는 밀도가 $\rho_c = 3H_0^2/8\pi G$라는 특별한 값 즉 임계 밀도인 우주다. 허블 계수는 상수가 아니고 시간에 따라 변하는데 여기서 H_0는 관측된 '현재'의 허블 계수 값이다. 반면 $k=1$인 경우는 밀도가 임계 밀도보다 크며, $k=-1$이면 밀도가 임계 밀도보다 작다는 것을 알 수 있다. 임계 밀도와 실제 밀도의 비를 차원이 없는 밀도 계수 $\Omega = \rho/\rho_c$로 정의하면 여러 가지로 편리하다. 현재의 밀도 계수를 첨자 0을 붙여 Ω_0이라 부르는데, 이 값이 정확히 1이면 현재 우주가 편평한 우주($k=0$)에 해당되며, 관측 결과 이 값이 1에 매우 가깝다. 물질 밀도가 3차원 공간의 모양을 결정한다는 앞서의 얘기는 이를 의미한다.

우주 상수가 있는 경우 위 식을 H_0^2으로 나누고 약간의 계산을 하면 다음과 같은 식으로 쓸 수 있다. 현재의 R을 1로 두면

$$\frac{H^2}{H_0^2} = \Omega_r R^{-4} + \Omega_m R^{-3} + \Omega_\Lambda - \frac{k}{R^2 H_0^2}$$

이 성립한다. 여기서 Ω_r, Ω_m, Ω_k, Ω_Λ는 각각 '현재'의 빛과 물질, 곡률, 그리고 우주 상수의 밀도 계수로 우주에서 각 물질의 상대적 비율을 상징한다. 따라서 위 식은 현재 관측된 밀도 비율로부터 과거나 미래의 우주 팽창 속도가 어떻게 달라지는지 보여 준다. 예를 들어 물질은 부피에 반비례해서(R^{-3}) 밀도가 떨어지고 그것이 팽창 속도의 제곱에 비례해 영향을 준다는 뜻이다. 그러면 달라진 우주의 크기 때문에 이번엔 각각의 물질들의 비율이 변하며 그런 식으로 우주는 계속 진화한다.

위 식을 이용하여 더 정확한 우주의 나이를 구해 보자. $H=dR/(Rdt)$란 정의로부터 $dt=dR/(RH)$가 성립하므로 여기에 위 식의 H를 넣고 dt를 적분하여 시간 t를 구할 수 있다.

$$t = \frac{1}{H_0} \int_0^R [\Omega_r a^{-2} + \Omega_m a^{-1} + \Omega_\Lambda a^2 + (1-\Omega_0)]^{-1/2} da$$

이 식은 현재의 물질들의 비율을 알면 어떤 시간 t의 우주의 크기 R(t)를

수치 적분으로 역산할 수 있다는 의미다. 이것이 프리드만 방정식을 푸는 한 방법이다. 관측된 값들을 넣고 $R=1$까지 수치 적분하면 우주의 나이가 약 138억 년이란 계산이 나온다.

우주론의 목표는 한마디로 R(t)를 구하는 것이므로 허블 계수와 밀도 계수들을 구하는 것이 우주론적 관측의 최우선 과제가 되는 것이다. 결국 천문학자나 우주론 학자들이 하는 일은 맛집의 레시피를 캐내려는 요리사와 비슷하다. 음식을 보고 어떤 재료를 넣었는지 추리하듯이 천문학자들은 우주의 재료, 즉 일반 물질, 암흑 물질, 암흑 에너지가 몇 대 몇으로 섞여 있으면 관측된 우주의 팽창이 나오는지 관측 결과를 통해 역으로 추리하는 것이다.

우주론 1: 우주의 시작

사토 카즈히코·후타마세 토시후미 엮음 ㅣ 오충식 옮김 ㅣ 지성사 ㅣ 2012

우주론 분야의 현역 연구자들이 우주론의 물리적, 수학적 기초를 비교적 쉽게 설명하면서
최신 연구 성과도 보여 준다. 이 시리즈의 2권은 우주 구조 형성과 우주 배경 복사에 대한 보
다 전문적인 내용이 실려 있다. 암흑 물질과 암흑 에너지가 우주 진화에 어떤 영향을 주는지
알 수 있다.

암흑 물질과 암흑 에너지

가와사키 마사히로 외 지음 ㅣ 강금희 옮김 ㅣ 뉴턴코리아 ㅣ 2013

대중 과학 잡지 〈뉴턴〉의 암흑 에너지와 암흑 물질 관련 기사들을 모은 책으로 이 분야에
대한 컬러 화보와 개략적인 설명을 볼 수 있어 초보자나 학생들이 보기 좋다. 항성 및 은하
에 대한 설명으로 시작해서 암흑 물질 및 암흑 에너지에 대한 기본 개념을 소개한다. 암흑
물질의 후보와 검출 장치 등을 소개하고 암흑 에너지와 암흑 물질의 특성에 따라 앞으로 우
주가 어떻게 변할지 설명한다.

한 권으로 충분한 우주론

다케우치 가오루 지음 ㅣ 김재호·이문숙 옮김 ㅣ 전나무숲 ㅣ 2010

프톨레마이오스의 천동설과 코페르니쿠스의 지동설로부터 아인슈타인의 일반 상대론에
근거한 현대 우주론과 양자 중력까지 다양한 우주론의 주제를 화보와 함께 단편적으로 다
루고 있어 개략적인 개념을 정리하는 데 도움이 된다.

이종필의 아주 특별한 상대성 이론 강의

이종필 지음 ㅣ 동아시아 ㅣ 2015

일반인에게 고등학교 수학부터 일반 상대성 이론까지 가르친다는 독특한 개념의 책이다. 우
주론을 이해하는 데 필수적인 일반 상대성 이론 계산을 기본부터 체험해 볼 수 있다.